Diese Lose-Blatt-Ausgabe

ist immer auf dem neuesten Stand: Alle neuen Gesetze und Durchführungsverordnungen werden laufend in den vorliegenden Text eingearbeitet! Die zum Auswechseln vorgesehenen Blätter werden jeweils zum Preise von 5 Pfg. je Seite geliefert.

Lohnsteuer-Durchführungsverordnung 1954

in der Fassung vom 10. November 1953
mit Jahres-Lohnsteuertabelle

SPRINGER FACHMEDIEN WIESBADEN GMBH

ISBN 978-3-663-12589-1 ISBN 978-3-663-13195-3 (eBook)
DOI 10.1007/978-3-663-13195-3

Verlags-Nr. 521

INHALTSVERZEICHNIS

I. ARBEITNEHMER, ARBEITGEBER, ARBEITSLOHN
(§§ 1 bis 6)

§ 1
Arbeitnehmer, Arbeitgeber
(§ 1 Abs. 1 und 3, § 2 Abs. 3 Ziff. 4, § 19 EStG, § 14 Abs. 2, 3 StAnpG)

(1) Arbeitnehmer, die im Inland einen Wohnsitz oder ihren gewöhnlichen Aufenthalt haben, sind, vorbehaltlich der Vorschrift des § 40 Abs. 5 unbeschränkt lohnsteuerpflichtig. Arbeitnehmer, die wie Personen behandelt werden, die ihren gewöhnlichen Aufenthalt im Inland haben (§ 38), sind ebenfalls unbeschränkt lohnsteuerpflichtig. Die beschränkte Lohnsteuerpflicht richtet sich nach § 40.

(2) Arbeitnehmer sind Personen, die in öffentlichem oder privatem Dienst angestellt oder beschäftigt sind oder waren und die aus diesem Dienstverhältnis oder einem früheren Dienstverhältnis Arbeitslohn beziehen. Arbeitnehmer sind auch die Rechtsnachfolger dieser Personen, soweit sie Arbeitslohn aus dem früheren Dienstverhältnis ihres Rechtsvorgängers beziehen.

(3) Ein Dienstverhältnis (Absatz 2) liegt vor, wenn der Angestellte (Beschäftigte) dem Arbeitgeber (öffentliche Körperschaft, Unternehmer, Haushaltsvorstand) seine Arbeitskraft schuldet. Dies ist der Fall, wenn die tätige Person in der Betätigung ihres gewerblichen Willens unter der Leitung des Arbeitgebers steht oder im geschäftlichen Organismus des Arbeitgebers dessen Weisungen zu folgen verpflichtet ist.

(4) Arbeitnehmer ist nicht, wer Lieferungen und sonstige Leistungen innerhalb der von ihm selbständig ausgeübten gewerblichen oder beruflichen Tätigkeit im Inland gegen Entgelt ausführt, soweit es sich um die Entgelte für diese Lieferungen und sonstigen Leistungen handelt (umsatzsteuerpflichtige Entgelte).

§ 2
Arbeitslohn
(§ 2 Abs. 3 Ziff. 4, §§ 8, 19, 24 EStG)

(1) Arbeitslohn sind alle Einnahmen, die dem Arbeitnehmer aus dem Dienstverhältnis oder einem früheren Dienstverhältnis zufließen. Einnahmen sind alle Güter, die in Geld oder Geldeswert bestehen. Es ist gleichgültig, ob es sich um einmalige oder laufende Einnahmen handelt, ob ein Rechtsanspruch auf sie besteht und unter welcher Bezeichnung oder Form sie gewährt werden.

(2) Zum Arbeitslohn gehören

1. Gehälter, Löhne, Provisionen, Gratifikationen, Tantiemen und andere Bezüge und Vorteile aus einem Dienstverhältnis;
2. Wartegelder, Ruhegelder, Witwen- und Waisengelder und andere Bezüge und Vorteile für eine frühere Dienstleistung, gleichgültig, ob sie dem zunächst Bezugsberechtigten oder seinem Rechtsnachfolger zufließen. Bezüge, die ganz oder teilweise auf früheren Beitragsleistungen des Bezugsberechtigten oder seines Rechtsvorgängers beruhen, gehören nicht zum Arbeitslohn.

(3) Zum Arbeitslohn gehören auch

1. unbeschadet der Vorschriften des § 6 Ziff. 6 und 7 Entschädigungen, die dem Arbeitnehmer oder seinem Rechtsnachfolger als Ersatz für entgange-

nen oder entgehenden Arbeitslohn oder für die Aufgabe oder Nichtausübung einer Tätigkeit gewährt werden;

2. Ausgaben, die ein Arbeitgeber leistet, um einen Arbeitnehmer oder diesem nahestehende Personen für den Fall der Krankheit, des Unfalls, der Invalidität, des Alters oder des Todes sicherzustellen (Zukunftsicherung), auch wenn auf die Leistungen aus der Zukunftsicherung kein Rechtsanspruch besteht. Voraussetzung ist, daß der Arbeitnehmer der Zukunftsicherung ausdrücklich oder stillschweigend zustimmt. Diese Ausgaben gehören nur insoweit zum Arbeitslohn, als sie im Kalenderjahr insgesamt 312 Deutsche Mark übersteigen. Übernimmt der Arbeitgeber Ausgaben, die der Arbeitnehmer auf Grund einer eigenen gesetzlichen Verpflichtung zu leisten hat, so gehören diese Ausgaben in voller Höhe zum Arbeitslohn. Ist bei Zukunftsicherung für mehrere Arbeitnehmer oder diesen nahestehende Personen (Sammelversicherung, Pauschalversicherung) der für den einzelnen Arbeitnehmer geleistete Teil der Ausgaben nicht in anderer Weise zu ermitteln, so sind die Ausgaben nach der Zahl der gesicherten Arbeitnehmer auf diese aufzuteilen. Nicht zum Arbeitslohn gehören Ausgaben für die Zukunftsicherung, die auf Grund gesetzlicher Verpflichtung geleistet werden, oder die nur dazu dienen, dem Arbeitgeber die Mittel zur Leistung einer dem Arbeitnehmer zugesagten Versorgung zu verschaffen (Rückdeckung des Arbeitgebers);
3. besondere Zuwendungen, die auf Grund des Dienstverhältnisses oder eines früheren Dienstverhältnisses gewährt werden, z. B. Krankenzuschüsse;
4. besondere Entlohnungen für Dienste, die über die regelmäßige Arbeitszeit hinaus geleistet werden, z. B. Entlohnung für Überstunden, Überschichten, Sonntagsarbeit. Die Vorschriften des § 32 a bleiben unberührt;
5. Lohnzuschläge, die wegen der Besonderheit der Arbeit gewährt werden;
6. Entschädigungen für Nebenämter und Nebenbeschäftigungen im Rahmen eines Dienstverhältnisses.

(4) Will der Arbeitgeber die auf den Arbeitslohn entfallende Lohnsteuer selbst tragen, so hat er sie aus dem Arbeitslohn zu berechnen, der nach Abzug der Lohnsteuer den ausgezahlten Nettobetrag ergibt.

§ 3
Sachbezüge
(§ 8 EStG)

(1) Zu den Gütern, die in Geldeswert bestehen, gehört insbesondere der Bezug von freier Kleidung, freier Wohnung, Heizung, Beleuchtung, Kost, Deputaten und sonstigen Sachbezügen, die aus einem Dienstverhältnis gewährt werden. Für die Bewertung der Sachbezüge sind die üblichen Mittelpreise des Verbrauchsorts maßgebend.

(2) Die Oberfinanzdirektionen haben nach Richtlinien des Bundesministers der Finanzen für ihren Bezirk den Wert der Sachbezüge festzusetzen und bekanntzugeben.

§ 4
Aufwandsentschädigungen, Reisekosten, durchlaufende Gelder
(§ 3 Ziff. 11, § 19 Abs. 2 EStG)

Zum steuerpflichtigen Arbeitslohn gehören nicht

1. die aus öffentlichen Kassen für öffentliche Dienste gewährten Aufwandsentschädigungen und Reisekosten. Zu den Aufwandsentschädigungen der im öffentlichen Dienst angestellten Personen gehört auch der ausdrücklich

zur Bestreitung des Dienstaufwands bestimmte Teil des Gehalts oder einer Zulage. Im öffentlichen Dienst im Sinn dieser Vorschriften sind Personen angestellt, die sich ausschließlich oder überwiegend mit öffentlich-rechtlichen (hoheitlichen) Aufgaben befassen. Zu den öffentlich-rechtlichen Aufgaben gehören auch die Aufgaben der öffentlich-rechtlichen Religionsgesellschaften. Eine Aufwandsentschädigung liegt insoweit nicht vor, als dem Empfänger ein Aufwand offenbar nicht in der Höhe der gewährten Entschädigung erwächst. Entschädigungen, die für Verdienstausfall und Zeitverlust gezahlt werden, sind steuerpflichtiger Arbeitslohn;

2. die Beträge, die den im privaten Dienst angestellten Personen für Reisekosten (Tagegelder und Fahrtauslagen) gezahlt werden, soweit sie die durch die Reise entstandenen Mehraufwendungen nicht übersteigen;
3. die Beträge, die der Arbeitnehmer vom Arbeitgeber erhält, um sie für ihn auszugeben (durchlaufende Gelder) und die Beträge, durch die Auslagen des Arbeitnehmers für den Arbeitgeber ersetzt werden (Auslagenersatz).

§ 5
Jubiläumsgeschenke
(§ 3 Ziff. 14 EStG)

Zum steuerpflichtigen Arbeitslohn gehören außerdem nicht Jubiläumsgeschenke an Arbeitnehmer, soweit sie

1. anläßlich eines Arbeitnehmerjubiläums gegeben werden und die Höhe von
   a) 600 Deutsche Mark nicht übersteigen und deshalb gegeben werden, weil der Arbeitnehmer ununterbrochen 10 Jahre bei dem Arbeitgeber beschäftigt war,
   b) 1200 Deutsche Mark nicht übersteigen und deshalb gegeben werden, weil der Arbeitnehmer ununterbrochen 25 Jahre bei dem Arbeitgeber beschäftigt war,
   c) 1800 Deutsche Mark nicht übersteigen und deshalb gegeben werden, weil der Arbeitnehmer ununterbrochen 40 Jahre bei dem Arbeitgeber beschäftigt war,
   d) 2400 Deutsche Mark nicht übersteigen und deshalb gegeben werden, weil der Arbeitnehmer ununterbrochen 50 oder 60 Jahre bei dem Arbeitgeber beschäftigt war;
2. anläßlich eines Firmenjubiläums gegeben werden, bei dem einzelnen Arbeitnehmer einen Monatslohn nicht übersteigen und deshalb gegeben werden, weil die Firma 25, 50 oder ein sonstiges Mehrfaches von 25 Jahren bestanden hat.

§ 6
Sonstige steuerfreie Einnahmen
(§§ 3, 7 c EStG)

Zum steuerpflichtigen Arbeitslohn gehören außerdem nicht

1. die gesetzliche versicherungsmäßige Arbeitslosenunterstützung, die gesetzliche Arbeitslosenfürsorge und die gesetzliche Kurzarbeiterunterstützung;
2. Kapitalabfindungen auf Grund der gesetzlichen Rentenversicherung der Arbeiter und Angestellten, aus der Knappschaftsversicherung und auf Grund der Beamten-(pensions-)gesetze;
3. Renten, die auf Grund eines Versicherungsvertrags oder aus Unterstützungskassen gezahlt werden, bis zu einem Betrag von insgesamt 600 Deutsche Mark jährlich, wenn die Renten insgesamt 3600 Deutsche Mark jährlich nicht übersteigen. Übersteigen Renten aus Versicherungsverträgen

und aus Unterstützungskassen den Betrag von insgesamt 3600 Deutsche Mark im Jahr, so mindert sich der Betrag von 600 Deutsche Mark um den Betrag, um den die Renten 3600 Deutsche Mark übersteigen;

4. Bezüge, die auf Grund gesetzlicher Vorschriften aus öffentlichen Mitteln versorgungshalber an Kriegsbeschädigte, Kriegshinterbliebene und ihnen gleichgestellte Personen gezahlt werden, soweit es sich nicht um Bezüge handelt, die auf Grund der Dienstzeit gewährt werden;
5. Geldrenten, Kapitalentschädigungen und Leistungen im Heilverfahren, die auf Grund gesetzlicher Vorschriften zur Wiedergutmachung nationalsozialistischen Unrechts für Schaden an Leben, Körper, Gesundheit und durch Freiheitsentzug gewährt werden;
6. Entschädigungen auf Grund arbeitsrechtlicher Vorschriften wegen Entlassung aus einem Dienstverhältnis;
7. Übergangsgelder und Übergangsbeihilfen auf Grund gesetzlicher Vorschriften wegen Entlassung aus einem Dienstverhältnis;
8. Bezüge aus öffentlichen Mitteln oder aus Mitteln einer öffentlichen Stiftung, die wegen Hilfsbedürftigkeit oder als Beihilfe zu dem Zweck bewilligt werden, die Erziehung oder Ausbildung, die Wissenschaft oder Kunst unmittelbar zu fördern. Darunter fallen nicht Kinderzuschläge und Kinderbeihilfen, die auf Grund der Besoldungsgesetze, besonderer Tarife oder ähnlicher Vorschriften gewährt werden;
9. Heiratsbeihilfen und Geburtsbeihilfen, die an Arbeitnehmer von dem Arbeitgeber gezahlt werden. Übersteigt die Heiratsbeihilfe den Betrag von 500 Deutsche Mark, die Geburtsbeihilfe den Betrag von 300 Deutsche Mark, so ist der übersteigende Betrag lohnsteuerpflichtig;
10. Weihnachtszuwendungen (Neujahrszuwendungen), soweit sie im einzelnen Fall insgesamt 100 Deutsche Mark nicht übersteigen. Weihnachtszuwendungen (Neujahrszuwendungen) sind Zuwendungen in Geld, die in der Zeit vom 15. November eines Kalenderjahres bis zum 15. Januar des folgenden Kalenderjahres aus Anlaß des Weihnachtsfestes (Neujahrstages) gezahlt werden;
11. Zuschüsse des Arbeitgebers an den Arbeitnehmer zur Förderung des Wohnungsbaues, soweit diese Zuschüsse beim Arbeitgeber nach § 7 c des Einkommensteuergesetzes abzugsfähig sind.

II. AUSSCHREIBUNG DER LOHNSTEUERKARTEN

(§§ 7 bis 16)

§ 7

Verpflichtung der Gemeindebehörde und des Arbeitnehmers

(§§ 39, 42 EStG)

(1) Die Gemeindebehörde hat, soweit im Nachstehenden nichts anderes bestimmt ist, auf Grund des Ergebnisses der Personenstandsaufnahme gleichzeitig mit der Anlegung der Urliste (Urkartei) oder, wenn eine Personenstandsaufnahme nicht durchgeführt wird, auf Grund der Einwohnerkartei oder sonst geeigneter Unterlagen unentgeltlich Lohnsteuerkarten mit Wirkung für das folgende Kalenderjahr für sämtliche Arbeitnehmer auszuschreiben, die im Zeitpunkt der Personenstandsaufnahme oder an dem an dessen Stelle bestimmten Stichtag in ihrem Bezirk einen Wohnsitz oder ihren gewöhnlichen Aufenthalt haben, gleichgültig, ob sie zu diesem Zeitpunkt in einem Dienstverhältnis stehen oder nicht. Die für die Finanzverwaltung zuständigen obersten Landesbehörden können im Einvernehmen mit dem Bundesminister der Finanzen aus Vereinfachungsgründen Ausnahmen zulassen.

(2) Die Gemeindebehörde hat ferner auf Antrag Lohnsteuerkarten auszuschreiben

1. für alle Arbeitnehmer, die in die Urliste (Urkartei) aufzunehmen waren, ohne Rücksicht darauf, ob sie tatsächlich aufgenommen worden sind,
2. für die Arbeitnehmer, die in dem Gemeindebezirk einen Wohnsitz oder ihren gewöhnlichen Aufenthalt haben, es sei denn, daß nach Ziffer 1 eine andere Gemeindebehörde zuständig ist.

(3) Soweit Arbeitnehmer einen mehrfachen Wohnsitz haben, ist

1. bei verheirateten Arbeitnehmern eine Lohnsteuerkarte regelmäßig von der Gemeindebehörde des Ortes auszuschreiben, an dem ihre Familie sich befindet,
2. bei unverheirateten Arbeitnehmern eine Lohnsteuerkarte regelmäßig von der Gemeindebehörde des Ortes auszuschreiben, von dem aus sie ihrer Beschäftigung nachgehen.

(4) Die Gemeindebehörde hat dem Vordruck der Lohnsteuerkarte entsprechend jeweils in Worten die Steuerklasse und bei Steuerklasse III die Zahl der beim Lohnsteuerabzug zu berücksichtigenden Kinder nach Maßgabe der Absätze 5 bis 9 zu bescheinigen.

(5) Die Steuerklasse I ist bei unverheirateten (auch bei verwitweten und geschiedenen) Arbeitnehmern zu bescheinigen, vorausgesetzt, daß nicht auf der Lohnsteuerkarte die Steuerklasse II (Absatz 6 Satz 3) oder Kinderermäßigung (Absatz 7) zu vermerken ist. Dabei sind Arbeitnehmer, deren Ehe für nichtig erklärt ist, als geschieden anzusehen.

(6) Die Steuerklasse II ist bei verheirateten Arbeitnehmern zu bescheinigen, wenn keine Kinderermäßigung (Absatz 7) zu vermerken ist. Als verheiratet sind auch dauernd getrennt lebende Ehegatten anzusehen. Die Steuerklasse II ist außerdem bei unverheirateten Arbeitnehmern zu bescheinigen, die das 60. Lebensjahr oder, wenn sie verwitwet sind, das 50. Lebensjahr vollendet haben.

(7) Bei Arbeitnehmern mit Kinderermäßigung ist die Steuerklasse III und die Zahl der Kinder, für die dem Arbeitnehmer Kinderermäßigung zusteht (§ 8 Abs. 1 und 3), zu bescheinigen.

(8) entfällt.

(9) Für die Bescheinigung der Steuerklasse und bei Steuerklasse III der Zahl der beim Lohnsteuerabzug zu berücksichtigenden Kinder (Absätze 5 bis 7 und § 8) sind unbeschadet der Vorschriften der §§ 17 und 18 die Verhältnisse zu Beginn des Kalenderjahres maßgebend, für das die Lohnsteuerkarte wirksam wird.

(10 Weicht die auf der Lohnsteuerkarte eingetragene Steuerklasse oder Zahl der Kinder von den Verhältnissen zu Beginn des Kalenderjahres, für das die Lohnsteuerkarte gilt, zugunsten des Arbeitnehmers ab, so ist der Arbeitnehmer verpflichtet, die Berichtigung seiner Lohnsteuerkarte umgehend bei der Gemeindebehörde zu beantragen. Kommt er dieser Verpflichtung nicht nach, so ist die Berichtigung der Lohnsteuerkarte von der Gemeindebehörde von Amts wegen vorzunehmen. Der Arbeitnehmer hat zu diesem Zweck die Lohnsteuerkarte der Gemeindebehörde auf Verlangen vorzulegen.

§ 8
Kinderermäßigung
(§ 39 Abs. 4 EStG)

(1) Dem unbeschränkt lohnsteuerpflichtigen Arbeitnehmer (§ 1 Abs. 1) steht für Kinder, die das 18. Lebensjahr noch nicht vollendet haben, Kinderermäßi-

gung zu, und zwar auch dann, wenn die Kinder eigene Einkünfte beziehen. Stehen beide Ehegatten in einem Dienstverhältnis, so steht die Kinderermäßigung sowohl dem Ehemann als auch der Ehefrau zu.

(2) Dem unbeschränkt lohnsteuerpflichtigen Arbeitnehmer (§ 1 Abs. 1) wird auf Antrag Kinderermäßigung gewährt für Kinder, die das 18. Lebensjahr vollendet, aber das 25. Lebensjahr noch nicht vollendet haben, wenn sie auf Kosten des Arbeitnehmers unterhalten und für einen Beruf ausgebildet werden. Sind die Voraussetzungen für die Gewährung der Kinderermäßigung bei einem Ehegatten erfüllt, so wird die Kinderermäßigung auch dem anderen Ehegatten gewährt, wenn beide Ehegatten in einem Dienstverhältnis stehen und nicht dauernd getrennt leben.

(3) Kinder im Sinne dieser Vorschriften sind

1. eheliche Kinder,
2. eheliche Stiefkinder,
3. für ehelich erklärte Kinder,
4. Adoptivkinder,
5. uneheliche Kinder (jedoch nur im Verhältnis zur leiblichen Mutter),
6. Pflegekinder.

(4) Sind die Voraussetzungen des Absatzes 2 weggefallen, so ist der Arbeitnehmer verpflichtet, innerhalb eines Monats die Berichtigung seiner Lohnsteuerkarte zu beantragen, es sei denn, daß die Voraussetzungen mindestens vier Monate im Kalenderjahr bestanden haben. Kommt er dieser Verpflichtung nicht nach, so ist die Berichtigung von Amts wegen vorzunehmen. Der Arbeitnehmer hat zu diesem Zweck die Lohnsteuerkarte dem Finanzamt auf Verlangen vorzulegen.

§ 9
Kennzeichnung der Lohnsteuerkarten
(§ 42 EStG)

(1) Die Lohnsteuerkarten sind von der Gemeindebehörde mit den gleichen Nummern zu versehen, unter denen die Arbeitnehmer in der Urliste eingetragen sind. Wird an Stelle der Urliste eine Urkartei geführt, so sind die ausgegebenen Lohnsteuerkarten laufend zu numerieren.

(2) Zum Zeichen dafür, daß für einen Arbeitnehmer eine Lohnsteuerkarte ausgeschrieben ist, sind in der Urliste unter der laufenden Nummer der Vermerk StK (Steuerkarte) und das Jahr, für das die Lohnsteuerkarte gilt, einzutragen. Wird eine Urliste nicht geführt, so ist die laufende Nummer der Lohnsteuerkarte zugleich mit dem Vermerk StK in der Haushaltsliste und außerdem in der Urkartei an der dafür vorgesehenen Stelle zugleich mit dem Jahr, für das die Lohnsteuerkarte gilt, einzutragen. Der Tag der Ausschreibung ist auf der Lohnsteuerkarte zu vermerken.

(3) Das Muster der Lohnsteuerkarten wird von dem Bundesminister der Finanzen jeweils bekanntgegeben. Die für die Finanzverwaltung zuständigen obersten Landesbehörden und die Oberfinanzdirektionen sind berechtigt, Ausnahmen von den Absätzen 1 und 2 zuzulassen.

§ 10
Aushändigung der Lohnsteuerkarten
(§ 42 EStG)

(1) Die Ausschreibung der Lohnsteuerkarten ist so durchzuführen, daß sich die Lohnsteuerkarten spätestens am 15. November im Besitz der Arbeitnehmer befinden.

(2) Die Gemeindebehörde hat die Lohnsteuerkarten sofort nach der Ausschreibung durch ihr Außendienstpersonal oder durch die Post den Arbeitnehmern auszuhändigen. Sie hat, sobald die Aushändigung der Lohnsteuerkarten beendet ist, dies öffentlich bekanntzumachen mit der Aufforderung, die Ausschreibung etwa fehlender Lohnsteuerkarten zu beantragen (§ 11).

§ 11
Verpflichtung des Arbeitnehmers
(§ 42 EStG)

Der Arbeitnehmer hat bei der nach § 7 zuständigen Gemeindebehörde die Ausschreibung einer Lohnsteuerkarte zu beantragen:

1. vor Beginn des Kalenderjahres, wenn ihm die Lohnsteuerkarte nicht gemäß § 10 Abs. 2 zugeht,
2. vor Beginn eines Dienstverhältnisses, wenn die Lohnsteuerkarte nicht schon gemäß Ziffer 1 ausgeschrieben worden ist.

§ 12
Nachträgliche Ausschreibung von Lohnsteuerkarten
(§ 42 EStG)

(1) Die Gemeindebehörde hat über Lohnsteuerkarten, die sie ausschreibt, nachdem sie die Urliste an das Finanzamt abgeliefert hat, ein Verzeichnis zu führen, das folgende Spalten enthalten muß:

1. Laufende Nummer,
2. Name, Stand, Wohnort (Wohnung) des Arbeitnehmers,
3. Familienstand,
4. Tag der Ausschreibung der Lohnsteuerkarte,
5. Bemerkungen.

(2) Die nach Absatz 1 ausgeschriebenen Lohnsteuerkarten hat die Gemeindebehörde den Arbeitnehmern auszuhändigen. Die Gemeindebehörde ist verpflichtet, dem Finanzamt eine Abschrift des nach Absatz 1 zu führenden Verzeichnisses vierteljährlich zur Ergänzung der Urliste (Urkartei) zu übersenden.

(3) Nach Ablauf des Kalenderjahres darf mit Wirkung für das abgelaufene Kalenderjahr eine Lohnsteuerkarte nicht mehr ausgeschrieben werden.

§ 13
(entfällt)

§ 14
Mehrere Lohnsteuerkarten
(§ 39 Abs. 6 Ziff. 2 EStG)

(1) Die Gemeindebehörde hat einen Arbeitnehmer, der Arbeitslohn aus mehreren gegenwärtigen oder früheren Dienstverhältnissen von verschiedenen Arbeitgebern erhält, eine zweite oder weitere Lohnsteuerkarte auszuschreiben. In diesem Fall hat die Gemeindebehörde auf der Vorderseite der zweiten und jeder weiteren Lohnsteuerkarte folgenden Hinzurechnungsvermerk aufzunehmen:

„Zweite (Dritte usw.) Lohnsteuerkarte

Für die Berechnung der Lohnsteuer sind vor Anwendung der Lohnsteuertabelle dem tatsächlichen Arbeitslohn folgende Beträge hinzuzurechnen:

monatlich DM	wöchentlich DM	täglich DM	halbtäglich DM
hundertfünfzehn	siebenundzwanzig	fünf	drei“

Eine zweite oder weitere Lohnsteuerkarte ist nicht auszuschreiben, wenn der aus mehreren Dienstverhältnissen herrührende Arbeitslohn von derselben öffentlichen Kasse, d. h. von demselben Arbeitgeber gezahlt wird (§ 49 Abs. 1 Satz 2).

(2) Die Gemeindebehörde hat auf der Vorderseite der ersten Lohnsteuerkarte die Ausschreibung und den Tag der Ausschreibung der zweiten und jeder weiteren Lohnsteuerkarte zu vermerken und die Ausschreibung dem Finanzamt mitzuteilen. Auf der zweiten und jeder weiteren Lohnsteuerkarte ist der Tag der Ausschreibung ebenfalls zu vermerken.

§ 15
Weitere Anordnungen über die Lohnsteuerkarten
(§ 42 EStG)

(1) Die weiteren Anordnungen und Bekanntmachungen über die Ausschreibung der Lohnsteuerkarten erlassen die Oberfinanzdirektionen.

(2) Die Gemeinden sind verpflichtet, den Anweisungen des Finanzamts zur Durchführung der Lohnsteuer nachzukommen. Das Finanzamt kann erforderlichenfalls Handlungen im Sinn dieser Anweisungen selbst vornehmen.

§ 16
Verlust der Lohnsteuerkarte
(§ 42 EStG)

Verlorene, unbrauchbar gewordene oder zerstörte Lohnsteuerkarten werden durch die nach § 7 für die Ausschreibung der Lohnsteuerkarte zuständige Gemeindebehörde gegen eine Gebühr von höchstens einer Deutschen Mark, die der Gemeinde zufließt, ersetzt. Die neu ausgeschriebene Lohnsteuerkarte ist als „Ersatz-Lohnsteuerkarte“ zu kennzeichnen.

III. ÄNDERUNG UND ERGÄNZUNG DER EINTRAGUNGEN AUF DER LOHNSTEUERKARTE
(§§ 17 bis 28)

§ 17
Verbot privater Änderungen
(§ 42 EStG)

(1) Die Eintragungen auf der Lohnsteuerkarte dürfen nicht ohne ausdrückliche Befugnis durch den Arbeitnehmer, den Arbeitgeber oder andere Personen geändert oder ergänzt werden.

(2) Eintragungen auf der Lohnsteuerkarte, die nachweislich unrichtig sind, sind jederzeit auf Antrag durch die Behörde, die die Eintragung vorgenommen hat, zu ändern.

§ 18
Ergänzung wegen Änderung der Steuerklasse und der Zahl der Kinder
(§ 39 Abs. 5, § 42 EStG)

(1) Weist ein Arbeitnehmer nach, daß sich die auf der Lohnsteuerkarte bescheinigte Steuerklasse oder die Zahl der noch nicht 18 Jahre alten Kinder zu

seinen Gunsten geändert hat, so ist auf Antrag die Lohnsteuerkarte durch die Gemeindebehörde, die sie ausgeschrieben hat, entsprechend zu ergänzen. Hat der Arbeitnehmer nach Ausschreibung der Lohnsteuerkarte seinen Wohnsitz verlegt, so ist die Ergänzung durch die Gemeindebehörde des neuen Wohnsitzes vorzunehmen.

(2) Weist ein Arbeitnehmer, auf dessen Lohnsteuerkarte die Steuerklasse I, II oder III bescheinigt ist, nach, daß Kinder, die das 18. Lebensjahr vollendet, aber das 25. Lebensjahr noch nicht vollendet haben, auf seine Kosten unterhalten und für einen Beruf ausgebildet werden (§ 8 Abs. 2), so ist auf Antrag die Lohnsteuerkarte durch das für den Wohnsitz des Arbeitnehmers zuständige Finanzamt entsprechend zu ergänzen.

(3) Nach Ablauf des Kalenderjahres kann ein Antrag auf Ergänzung der Lohnsteuerkarte für das abgelaufene Kalenderjahr nicht mehr gestellt werden.

§ 18 a
Zeitliche Wirksamkeit
(§ 39 Abs. 5, § 42 EStG)

(1) Wird die Lohnsteuerkarte eines Arbeitnehmers geändert (§ 17) oder ergänzt (§ 18), so ist der Zeitpunkt einzutragen, ab dem die Änderung oder die Ergänzung gilt. Als Zeitpunkt kommt der Tag in Betracht, an dem alle Voraussetzungen für die Änderung oder Ergänzung der Lohnsteuerkarte erstmalig vorhanden waren. Es darf jedoch kein Tag eingetragen werden, der vor dem Beginn des Kalenderjahres liegt, für das die Lohnsteuerkarte ausgeschrieben ist.

(2) Hat die Änderung oder die Ergänzung der Lohnsteuerkarte durch Eintragung eines zurückliegenden Zeitpunkts rückwirkende Kraft (Absatz 1), so wird zuviel einbehaltene Lohnsteuer auf Antrag durch das Finanzamt erstattet, soweit nicht nach § 28 Satz 2 eine Aufrechnung durch den Arbeitgeber geschieht. Das Finanzamt kann zuwenig einbehaltene Lohnsteuer vom Arbeitnehmer nachfordern. Die Nachforderung unterbleibt, wenn sie unbillig wäre.

§ 19
Vermerk in der Urliste
(§ 42 EStG)

In den Fällen des § 17 Abs. 2 und des § 18 hat die hiernach zuständige Behörde dafür zu sorgen, daß die Änderung in der Bemerkungsspalte der Urliste (Urkartei) vermerkt wird. Zu diesem Zweck hat z. B.

1. die Gemeindebehörde, wenn die Urliste bereits an das Finanzamt abgeliefert ist, diesem eine von ihr vorgenommene Änderung zum Vermerk in der Urliste (Urkartei) mitzuteilen.
2. das Finanzamt, wenn die Urliste bei ihm noch nicht eingegangen ist, eine von ihm vorgenommene Änderung nach Eingang der Urliste in dieser nachzutragen.

Die Vorschrift in § 9 Abs. 3 Satz 2 ist entsprechend anzuwenden.

§ 20
Erhöhte Werbungskosten und Sonderausgaben
(§§ 7 c, 7 d, 7 f, 9, 10, 10 b, 12, 41 EStG)

(1) Weist der Arbeitnehmer nach, daß die Werbungskosten (Absatz 2), die beim Arbeitslohn zu berücksichtigen sind, 312 Deutsche Mark im Kalenderjahr oder die Sonderausgaben (Absatz 3) 624 Deutsche Mark im Kalenderjahr

übersteigen, so hat auf Antrag das für seinen Wohnsitz zuständige Finanzamt den übersteigenden Betrag auf der Lohnsteuerkarte als steuerfrei zu vermerken. Bei dem Antrag hat der Arbeitnehmer nachzuweisen oder, falls dies nicht möglich ist, glaubhaft zu machen, wieviel Werbungskosten und Sonderausgaben ihm voraussichtlich im Kalenderjahr erwachsen werden.

(2) Werbungskosten des Arbeitnehmers sind die Aufwendungen zur Erwerbung, Sicherung und Erhaltung des Arbeitslohns. Werbungskosten sind alle Aufwendungen, die die Ausübung des Dienstes mit sich bringt, soweit die Aufwendungen nicht nach der Verkehrsauffassung durch die allgemeine Lebensführung bedingt sind. Keine Werbungskosten sind die Aufwendungen für die Lebensführung, die die wirtschaftliche oder gesellschaftliche Stellung des Arbeitnehmers mit sich bringt, auch wenn die Aufwendungen zur Förderung der Tätigkeit des Arbeitnehmers gemacht werden. Als Werbungskosten kommen insbesondere in Betracht

1. Beiträge zu Berufsständen und sonstigen Berufsverbänden, deren Zweck nicht auf einen wirtschaftlichen Geschäftsbetrieb gerichtet ist;
2. notwendige Aufwendungen des Arbeitnehmers für Fahrten zwischen Wohnung und Arbeitsstätte, es sei denn, daß der Arbeitnehmer aus persönlichen Gründen seinen Wohnsitz in einem Ort nimmt, in dem die Arbeitnehmer des Betriebs üblicherweise nicht zu wohnen pflegen;
3. Aufwendungen für Arbeitsmittel (Werkzeuge und übliche Berufskleidung);
4. die Absetzungen für Abnutzung eines Wirtschaftsguts, dessen Verwendung oder Nutzung durch den Arbeitnehmer zur Erzielung von Arbeitslohn sich erfahrungsgemäß über einen Zeitraum von mehr als einem Jahr erstreckt;
5. vor dem 1. Januar 1955 geleistete Zuschüsse zur Förderung des Wohnungsbaus, des Schiffsbaus und der Vorfinanzierung des Lastenausgleichs (§§ 7 c, 7 d Abs. 2 und § 7 f des Einkommensteuergesetzes).

(3) Sonderausgaben sind

1. Schuldzinsen und auf besonderen Verpflichtungsgründen beruhende Renten und dauernde Lasten, die weder Betriebsausgaben oder Werbungskosten sind, noch mit Einkünften in wirtschaftlichem Zusammenhang stehen, die bei der Besteuerung des Einkommens außer Betracht bleiben;
2. die folgenden Aufwendungen zu steuerbegünstigten Zwecken:
   a) Beiträge und Versicherungsprämien zu Kranken-, Unfall-, Haftpflicht-, Angestellten-, Invaliden- und Erwerbslosen-Versicherungen, zu Versicherungen auf den Lebens- oder Todesfall und zu Witwen-, Waisen-, Versorgungs- und Sterbekassen. Beiträge und Versicherungsprämien an solche Versicherungsunternehmen, die weder ihre Geschäftsleitung noch ihren Sitz im Inland haben, sind nur dann zu berücksichtigen, wenn diesen Unternehmen die Erlaubnis zum Geschäftsbetrieb im Inland erteilt ist;
   b) Beiträge an Bausparkassen zur Erlangung von Baudarlehen. Beiträge an Bausparkassen, die weder ihre Geschäftsleitung noch ihren Sitz im Inland haben, sind nur dann abzugsfähig, wenn diesen Unternehmen die Erlaubnis zum Geschäftsbetrieb im Inland erteilt ist;
   c) Aufwendungen vor dem 1. Januar 1955 für den ersten Erwerb von Anteilen an Bau- und Wohnungsgenossenschaften und an Verbrauchergenossenschaften. Bau- und Wohnungsgenossenschaften sind alle Genossenschaften, deren Zweck auf den Bau, den Erwerb oder die Finanzierung und Verwaltung von Wohnungen (Eigenheimen oder Miethäusern) gerichtet ist. Verbrauchergenossenschaften sind alle Genossenschaften, deren Zweck auf den Einkauf von Gebrauchsgütern des häus-

lichen oder landwirtschaftlichen Bedarfs im großen und deren Abgabe im kleinen gerichtet ist;

d) vor dem 1. Januar 1955 geleistete Beiträge auf Grund anderer Kapitalansammlungsverträge, wenn der Zweck des Kapitalansammlungsvertrags als steuerbegünstigt anerkannt worden ist. Bei Sparverträgen mit festgelegten Sparraten sind auch die nach dem 31. Dezember 1954 geleisteten Beiträge Sonderausgaben, wenn mindestens die erste Einzahlung vor dem 1. Januar 1955 geleistet worden ist. Welche Kapitalansammlungsverträge als steuerbegünstigt anerkannt werden, richtet sich nach den Vorschriften in den §§ 17 bis 29 der Einkommensteuer-Durchführungsverordnung.

3. Kirchensteuern;

4. Vermögensteuer;

5. Ausgaben zur Förderung mildtätiger, kirchlicher, religiöser und wissenschaftlicher Zwecke und der als besonders förderungswürdig anerkannten gemeinnützigen Zwecke bis zur Höhe von insgesamt 5 vom Hundert des Arbeitslohns. Für wissenschaftliche Zwecke erhöht sich der Vomhundertsatz von 5 um weitere 5 vom Hundert. Welche Aufwendungen der Förderung der in Satz 1 bezeichneten Zwecke dienen, richtet sich nach den Vorschriften in § 33 und § 34 der Einkommensteuer-Durchführungsverordnung.

(3 a) Voraussetzung für die Abzugsfähigkeit der in Absatz 3 Ziffer 2 bezeichneten Aufwendungen ist, daß sie weder unmittelbar noch mittelbar in wirtschaftlichem Zusammenhang mit der Aufnahme eines Kredits stehen. Das gilt nicht, soweit die in Absatz 3 Ziffer 2 Buchstaben a und b bezeichneten Beiträge nach Ablauf von drei Jahren seit Vertragsabschluß in der beim Abschluß des Vertrags ursprünglich vereinbarten Höhe laufend und gleichbleibend geleistet werden. Für die Abzugsfähigkeit der in Absatz 3 Ziffer 2 Buchstabe a bezeichneten Beiträge ist besondere Voraussetzung, daß vor Ablauf von drei Jahren seit Vertragsabschluß

1. die Versicherungssumme, außer im Schadensfall, weder ganz noch zum Teil ausgezahlt wird,

2. geleistete Versicherungsbeiträge weder ganz noch zum Teil zurückgezahlt werden,

3. Ansprüche aus dem Versicherungsvertrag nicht abgetreten oder beliehen werden.

Für die Abzugsfähigkeit der in Absatz 3 Ziffer 2 Buchstabe b bezeichneten Beiträge ist besondere Voraussetzung, daß vor Ablauf von drei Jahren seit Vertragsabschluß

1. die Bausparsumme weder ganz noch zum Teil ausgezahlt wird,

2. geleistete Beiträge weder ganz noch zum Teil zurückgezahlt werden,

3. Ansprüche aus dem Bausparvertrag nicht beliehen werden.

Die Auszahlung der Bausparsumme oder die Beleihung von Ansprüchen aus dem Bausparvertrag ist jedoch unschädlich, wenn der Steuerpflichtige die empfangenen Beträge unverzüglich und unmittelbar zum Wohnungsbau verwendet.

(4) Unter Absatz 3 fallen auch Sonderausgaben für die nicht dauernd vom Ehemann getrennt lebende Ehefrau und für diejenigen Kinder des Arbeitnehmers, für die ihm Kinderermäßigung zusteht oder auf Antrag gewährt wird.

*) (5) Für die Sonderausgaben im Sinn des Absatzes 3 Ziffer 2 gilt folgendes:

1. Die Aufwendungen sind zusammen nur bis zu einem Jahresbetrag von 800 Deutsche Mark in voller Höhe als Sonderausgaben zu berücksichtigen. Dieser Betrag erhöht sich um je 400 Deutsche Mark im Jahr für die Ehefrau und für jedes Kind im Sinn des § 8 Abs. 3, für das dem Arbeitnehmer Kinderermäßigung zusteht oder auf Antrag gewährt wird.
2. Übersteigen die Sonderausgaben im Sinn des Absatzes 3 Ziffer 2 die in der vorstehenden Ziffer 1 bezeichneten Beträge, so ist der darüber hinausgehende Betrag zur Hälfte als Sonderausgaben zu berücksichtigen. In diesem Fall dürfen jedoch über die in Ziffer 1 bezeichneten Beträge hinaus nur noch höchstens 15 vom Hundert des Arbeitslohns berücksichtigt werden.
3. Für Sonderausgaben im Sinn des Absatzes 3 Ziffer 2 erhöhen sich bei Arbeitnehmern, die das 50. Lebensjahr vollendet haben und in deren Einkommen überwiegend Einkünfte aus selbständiger Arbeit oder aus nichtselbständiger Arbeit enthalten sind, die folgenden Beträge:

   der in Ziffer 1 Satz 1 bezeichnete Jahresbetrag von 800 Deutsche Mark auf 1600 Deutsche Mark,

   der in Ziffer 1 Satz 2 bezeichnete Jahresbetrag von je 400 Deutsche Mark auf je 800 Deutsche Mark.

   Satz 1 ist auch anwendbar, wenn der Ehegatte des Arbeitnehmers das 50. Lebensjahr vollendet hat. Die Erhöhung auf die in Satz 1 bezeichneten Beträge tritt vom Beginn des Kalenderjahres ein, in das der Tag nach der Vollendung des 50. Lebensjahres fällt.

(6) Bei unbeschränkt steuerpflichtigen Arbeitnehmern, die im Ausland zu einer der deutschen Einkommensteuer entsprechenden Steuer herangezogen werden, kann die auf den Arbeitslohn entfallende ausländische Steuer in Höhe des nachweislich gezahlten Betrags auf Antrag auf der Lohnsteuerkarte als steuerfrei vermerkt werden. Dies gilt nicht, soweit die ausländische Steuer auf Einkünfte aus nichtselbständiger Arbeit entfällt, die im Inland ausgeübt oder verwertet wird oder worden ist, oder auf Einkünfte, die aus inländischen öffentlichen Kassen einschließlich der Kassen der Deutschen Bundesbahn und der Bank deutscher Länder mit Rücksicht auf ein gegenwärtiges oder früheres Dienstverhältnis gewährt werden.

---

*) Im § 20 erhält Absatz 5 mit Wirkung vom 1. Januar 1955 die folgende Fassung:

(5) Für die Sonderausgaben im Sinn des Absatzes 3 Ziffer 2 gilt folgendes:

1. Die Aufwendungen sind bis zu einem Jahresbetrag von 1000 Deutsche Mark in voller Höhe zu berücksichtigen. Dieser Betrag erhöht sich um je 500 Deutsche Mark im Jahr für die Ehefrau und für jedes Kind im Sinn des § 8 Abs. 3, für das dem Arbeitnehmer Kinderermäßigung zusteht oder auf Antrag gewährt wird.
2. Bei Arbeitnehmern, die das 50. Lebensjahr vollendet haben und in deren Einkommen überwiegend Einkünfte aus selbständiger Arbeit oder aus nichtselbständiger Arbeit enthalten sind, erhöhen sich

   der in Ziffer 1 Satz 1 bezeichnete Jahresbetrag von 1000 Deutsche Mark auf 2000 Deutsche Mark,

   der in Ziffer 1 Satz 2 bezeichnete Jahresbetrag von je 500 Deutsche Mark auf je 1000 Deutsche Mark.

   Satz 1 ist auch anwendbar, wenn der Ehegatte des Arbeitnehmers das 50. Lebensjahr vollendet hat. Die Erhöhung auf die im Satz 1 bezeichneten Beträge tritt vom Beginn des Kalenderjahres ein, in das der Tag nach der Vollendung des 50. Lebensjahres fällt.
3. Übersteigen die Sonderausgaben im Sinn des Absatzes 3 Ziffer 2 die in den Ziffern 1 und 2 bezeichneten Beträge, so kann der darüber hinausgehende Betrag zur Hälfte, höchstens jedoch bis zu 50 vom Hundert der in den Ziffern 1 und 2 bezeichneten Beträge berücksichtigt werden.

§ 20 a
(entfällt)

§ 20 b
Nachforderung von Lohnsteuer bei Aufwendungen zu steuerbegünstigten Zwecken
(§ 10 Abs. 1 Ziff. 2, § 41 EStG)

Ist beim Steuerabzug vom Arbeitslohn ein steuerfreier Betrag wegen Aufwendungen zu steuerbegünstigten Zwecken im Sinn des § 20 Abs. 3 Ziff. 2 berücksichtigt worden, so hat das Finanzamt die Lohnsteuer vom Arbeitnehmer nach § 46 nachzufordern,

1. soweit in den Fällen des § 20 Abs. 3 Ziff. 2 Buchstaben a bis d die Aufwendungen in unmittelbarem oder mittelbarem wirtschaftlichen Zusammenhang mit der Aufnahme eines Kredits (§ 20 Abs. 3 a Sätze 1 und 2) stehen,
2. wenn in den Fällen des § 20 Abs. 3 Ziff. 2 Buchstaben a und b die besonderen Voraussetzungen für die Abzugsfähigkeit der Beiträge (§ 20 Abs. 3 a Sätze 3 und folgende) nicht erfüllt sind; die Nachforderung bezieht sich in diesen Fällen auf die Zeit seit dem Abschluß des Vertrags, auf Grund dessen die Beiträge geleistet worden sind,
3. wenn in den Fällen des § 20 Abs. 3 Ziff. 2 Buchstabe d
   a) bei Sparverträgen mit festgelegten Sparraten eine Unterbrechung der Einzahlungen stattgefunden hat,
   b) die Sparbeträge vorzeitig zurückgezahlt werden,
   c) festgeschriebene (vinkulierte) oder gesperrte Wertpapiere vor Ablauf der dreijährigen Frist auf den Inhaber gestellt oder auf den Namen eines anderen Berechtigten umgeschrieben werden.

§ 21
Mehrere Dienstverhältnisse
(§ 39 Abs. 6 Ziff. 2, § 41 EStG)

Weist ein Arbeitnehmer, dem eine zweite oder weitere Lohnsteuerkarte ausgeschrieben ist, nach, daß die Werbungskosten (§ 20 Abs. 2) aus dem zweiten oder weiteren Dienstverhältnis 312 Deutsche Mark im Kalenderjahr oder die nicht schon bei der ersten Lohnsteuerkarte berücksichtigten Sonderausgaben (§ 20 Abs. 3 bis 5) 624 Deutsche Mark im Kalenderjahr übersteigen, so hat das Finanzamt den übersteigenden Betrag in entsprechender Anwendung der Vorschrift des § 20 Abs. 1 auf der Lohnsteuerkarte als steuerfrei zu vermerken.

§ 22
Mitverdienende Ehefrau
(§ 39 Abs. 6 Ziff. 3, § 41 EStG)

Weist die in einem Dienstverhältnis stehende, nicht dauernd vom Ehemann getrennt lebende Ehefrau nach, daß die Werbungskosten (§ 20 Abs. 2) aus dem Dienstverhältnis 312 Deutsche Mark im Kalenderjahr oder die nicht schon bei der Besteuerung des Ehemanns berücksichtigten Sonderausgaben (§ 20 Abs. 3 bis 5) 624 Deutsche Mark im Kalenderjahr übersteigen, so hat das Finanzamt den übersteigenden Betrag in entsprechender Anwendung der Vorschriften des § 20 Abs. 1 auf der Lohnsteuerkarte als steuerfrei zu vermerken.

§ 23
(entfällt)

§ 24
(entfällt)

§ 25
Außergewöhnliche Belastungen

(§§ 33, 41 Abs. 1 Ziff. 4, Abs. 2 EStG)

(1) Erwächst dem Arbeitnehmer eine außergewöhnliche Belastung, so hat das Wohnsitzfinanzamt auf Antrag des Arbeitnehmers den Betrag, der sich aus Absatz 6 ergibt, auf der Lohnsteuerkarte als steuerfrei einzutragen.

(2) Eine außergewöhnliche Belastung im Sinn des Absatzes 1 liegt vor, soweit einem Arbeitnehmer zwangsläufig (Absatz 3) größere Aufwendungen als der Mehrzahl der Arbeitnehmer gleicher Einkommensverhältnisse, gleicher Vermögensverhältnisse und gleichen Familienstands entstehen und diese Aufwendungen die steuerliche Leistungsfähigkeit wesentlich beeinträchtigen (Absatz 5). Aufwendungen, die zu den Betriebsausgaben, Werbungskosten oder Sonderausgaben gehören, bleiben dabei außer Betracht.

(3) Die außergewöhnliche Belastung erwächst dem Arbeitnehmer zwangsläufig, wenn er sich ihr aus tatsächlichen, rechtlichen oder sittlichen Gründen nicht entziehen kann.

(4) Als zwangsläufig erwachsene außergewöhnliche Belastungen (Absätze 2 und 3) werden auch die Aufwendungen behandelt, die vor dem 1. Januar 1955 für die Wiederbeschaffung notwendigen Hausrats und notwendiger Kleidung gemacht werden, soweit diese durch Kriegseinwirkung oder durch Aufgabe des Wohnsitzes in einem zum Inland gehörenden Gebiet außerhalb des Bundesgebietes verloren wurden und Ersatz aus öffentlichen Mitteln nicht geleistet worden ist.

(5) Die Mehraufwendungen beeinträchtigen die Leistungsfähigkeit des Arbeitnehmers nur insoweit wesentlich, als sie die in der folgenden Übersicht bezeichneten Hundertsätze des Einkommens vermindert um die nach § 25 a in Betracht kommenden Freibeträge (die zumutbare Mehrbelastung — die Mehrbelastungsgrenze —) übersteigen:

bei einem Einkommen, vermindert um die nach § 25 a in Betracht kommenden Freibeträge (wenn nur Arbeitslohn vorhanden): bei einem voraussichtlichen Arbeitslohn im Kalenderjahr, vermindert um die voraussichtlichen Werbungskosten und Sonderausgaben, mindestens aber um neunhundertsechsunddreißig Deutsche Mark und um die nach § 25 a in Betracht kommenden Freibeträge von DM	bei einem Arbeitnehmer der Steuerklasse I	Steuerklasse II	Steuerklasse III bei Kinderermäßigung für 1 oder 2 Kinder	Steuerklasse III bei Kinderermäßigung für 3 oder mehr Kinder
höchstens 3 000	6	5	3	1
mehr als 3 000 bis 6 000	7	6	4	2
mehr als 6 000 bis 12 000	8	6	5	2
mehr als 12 000 bis 25 000	8	6	4	3
mehr als 25 000 bis 50 000	10	6	4	3
mehr als 50 000 bis 100 000	9	6	4	3
mehr als 100 000 bis 250 000	5	4	3	2
mehr als 250 000 bis 500 000	3	2	2	1
mehr als 500 000	3	2	1	1

(6) Der Betrag, der den nach Absatz 5 sich ergebenden Hundertsatz übersteigt, wird auf der Lohnsteuerkarte als steuerfrei eingetragen. In diesem Betrag dürfen Aufwendungen im Sinn des Absatzes 4 höchstens mit den in § 25 a bezeichneten Beträgen enthalten sein.

§ 25 a
Freibeträge für besondere Fälle
(§ 33 a EStG)

(1) Bei Vertriebenen, Heimatvertriebenen, Sowjetzonenflüchtlingen und diesen gleichgestellten Personen (§§ 1 bis 4 des Bundesvertriebenengesetzes vom 19. Mai 1953 — Bundesgesetzbl. I S. 201 —) sowie bei politisch Verfolgten, bei Arbeitnehmern, die nach dem 30. September 1948 aus Kriegsgefangenschaft heimgekehrt sind (Spätheimkehrer), und bei Arbeitnehmern, die den Hausrat und die Kleidung infolge Kriegseinwirkung verloren haben (Totalschaden) und dafür höchstens eine Entschädigung von 50 vom Hundert dieses Kriegsschadens erhalten haben, wird auf Antrag — letztmals für das Kalenderjahr 1954 — ein jährlicher Freibetrag in der folgenden Höhe auf der Lohnsteuerkarte als steuerfrei eingetragen:

540 Deutsche Mark bei Arbeitnehmern der Steuerklasse I,

720 Deutsche Mark bei Arbeitnehmern der Steuerklasse II,

840 Deutsche Mark bei Arbeitnehmern der Steuerklasse III;

der Betrag von 840 Deutsche Mark erhöht sich für das dritte und jedes weitere Kind, für das dem Arbeitnehmer Kinderermäßigung zusteht oder gewährt wird, um je 60 Deutsche Mark.

Satz 1 gilt auch, wenn die bezeichneten Voraussetzungen nicht bei dem Arbeitnehmer selbst, sondern bei seinem unbeschränkt steuerpflichtigen und nicht dauernd getrennt lebenden Ehegatten vorliegen. Bei Ehegatten, die nicht dauernd getrennt leben, werden die nach Satz 1 steuerfreien Beträge auch dann nur einmal gewährt, wenn beide Ehegatten in einem Dienstverhältnis stehen oder die bezeichneten Voraussetzungen bei beiden Ehegatten vorliegen.

(2) In den im Absatz 1 bezeichneten Fällen kann § 25 für Aufwendungen zur Wiederbeschaffung von Hausrat und Kleidung nicht in Anspruch genommen werden.

(3) Welche Arbeitnehmer als politisch Verfolgte zu gelten haben, regelt sich bis auf weiteres nach den landesrechtlichen Bestimmungen. Aus Kriegsgefangenschaft heimgekehrt sind diejenigen Personen, auf die § 1 oder § 1a des Heimkehrergesetzes vom 19. Juni 1950 (Bundesgesetzbl. S. 221) in der Fassung des Gesetzes zur Ergänzung und Änderung des Heimkehrergesetzes vom 30. Oktober 1951 (Bundesgesetzbl. I S. 875, 994) und des Zweiten Gesetzes zur Änderung und Ergänzung des Heimkehrergesetzes vom 17. August 1953 (Bundesgesetzbl. I S. 931) Anwendung findet.

§ 26
Körperbeschädigte Arbeitnehmer
(§§ 33, 41 EStG)

(1) Körperbeschädigte Arbeitnehmer erhalten auf Antrag wegen der Werbungskosten, Sonderausgaben und außergewöhnlichen Belastungen, die ihnen unmittelbar durch ihre besonderen Verhältnisse erwachsen, einen auf der Lohnsteuerkarte einzutragenden jährlichen steuerfreien Pauschbetrag in folgender Höhe:

Gruppe	Bei Minderung der Erwerbsfähigkeit um	Bei Erwerbstätigen DM	Bei Nichterwerbstätigen DM
1	2	3	4
1	25 v. H. bis ausschl. 35 v. H.	360	216
2	35 v. H. bis ausschl. 45 v. H.	480	288
3	45 v. H. bis ausschl. 55 v. H.	600	360
4	55 v. H. bis ausschl. 65 v. H.	720	432
5	65 v. H. bis ausschl. 75 v. H.	840	504
6	75 v. H. bis ausschl. 85 v. H.	960	576
7	85 v. H. bis ausschl. 95 v. H.	1 080	648
8	95 v. H. bis einschl. 100 v. H.	1 200	720
9	Blinde und besonders pflegebedürftige Körperbeschädigte	2 400	1 440

Von dem Pauschbetrag entfallen

a) bei Erwerbstätigen (Spalte 3 der Übersicht) 20 vom Hundert auf Werbungskosten, 20 vom Hundert auf Sonderausgaben, 60 vom Hundert auf außergewöhnliche Belastungen,

b) bei Nichterwerbstätigen (Spalte 4 der Übersicht) 100 vom Hundert auf außergewöhnliche Belastungen.

(2) Der Kreis der körperbeschädigten Arbeitnehmer, die den Pauschbetrag in Anspruch nehmen können, wird mit Zustimmung des Bundesrates durch die Bundesregierung bestimmt.

§ 27

Art der Berücksichtigung

(§ 41 Abs. 2 Satz 1 EStG)

(1) Das Finanzamt hat den nach §§ 20 bis 26 insgesamt steuerfrei bleibenden Jahresbetrag (das ist die Summe der im Kalenderjahr insgesamt zu berücksichtigenden Beträge) und den Betrag für monatliche, wöchentliche, tägliche und halbtägliche Lohnzahlung auf der Lohnsteuerkarte zu vermerken.

Dabei ist

1. der Halbtagesbetrag mit $^1/_{52}$ des Monatsbetrags,
2. der Tagesbetrag mit $^1/_{26}$ des Monatsbetrags,
3. der Wochenbetrag mit dem Sechsfachen des Tagesbetrags (Ziffer 2) anzugeben. Bruchteile eines Deutschen Pfennigs, die sich nach Ziffer 1 oder 2 ergeben können, bleiben außer Betracht. Die Beträge sind für die Eintragung auf der Lohnsteuerkarte in der folgenden Weise aufzurunden:
   a) der Halbtagesbetrag und der Tagesbetrag auf den nächsten durch fünf teilbaren Pfennigbetrag,
   b) der Wochenbetrag auf den nächsten durch zehn teilbaren Pfennigbetrag,
   c) der Monatsbetrag auf den nächsten vollen Deutsche Mark-Betrag.

Der Vermerk auf der Lohnsteuerkarte hat folgenden Wortlaut:

„Vor Anwendung der Lohnsteuertabelle sind als steuerfrei abzuziehen:

Jahres-betrag DM	monatlich DM	wöchent-lich DM	täglich DM	halb-täglich DM“

Der als steuerfrei zu vermerkende Betrag ist in Worten einzutragen. Ob die Spalten für alle Lohnzahlungszeiträume auszufüllen sind, entscheidet das Finanzamt nach Ermessen. Für andere als die vorstehend genannten Lohnzahlungszeiträume sind die steuerfrei bleibenden Beträge nach § 32 Abs. 2 umzurechnen.

(2) Das Finanzamt hat auf der Lohnsteuerkarte zu vermerken, daß die Eintragung nach Absatz 1 auf Widerruf erfolgt. Außerdem hat es einen bestimmten Zeitraum anzugeben, für den die Eintragung gilt. Dieser Zeitraum darf sich nicht über den Schluß des Kalenderjahres hinaus erstrecken. Die Unterlagen für die Eintragung sind bei dem Finanzamt fünf Jahre aufzubewahren.

(3) Nach Ablauf des Kalenderjahres kann ein Antrag auf Eintragung eines steuerfrei bleibenden Betrags für das abgelaufene Kalenderjahr nicht mehr gestellt werden.

§ 28

Zeitpunkt der Berücksichtigung der Änderungen

(§ 41 Abs. 2 Satz 2 EStG)

Der Arbeitgeber darf die Änderungen und Ergänzungen der Lohnsteuerkarte bei der Berechnung der Lohnsteuer erst bei den Lohnzahlungen berücksichtigen, die er nach Vorlage der geänderten oder ergänzten Lohnsteuerkarte leistet. In den Fällen, in denen die Änderung und Ergänzung nach der Eintragung auf der Lohnsteuerkarte (§ 18 a und § 27 Abs. 2) auf eine Zeit vor der Vorlage der geänderten (ergänzten) Lohnsteuerkarte zurückwirken, ist der Arbeitgeber aber berechtigt, bei den auf die Vorlage der geänderten (ergänzten) Lohnsteuerkarte folgenden Lohnzahlungen so viel weniger an Lohnsteuer einzubehalten, als er bei den vorhergegangenen Lohnzahlungen seit dem Tag der Rückwirkung zuviel einbehalten hat.

IV. VORNAHME DES LOHNSTEUERABZUGS

(§§ 29 bis 49)

A. Allgemeines (§§ 29 bis 31)

§ 29

Vorlegung und Aufbewahrung der Lohnsteuerkarte

(§ 42 EStG)

(1) Der Arbeitnehmer hat seine Lohnsteuerkarte dem Arbeitgeber bei Beginn des Kalenderjahres oder des Dienstverhältnisses vorzulegen. Der Arbeitgeber hat die Lohnsteuerkarte während der Dauer des Dienstverhältnisses aufzubewahren, d. h. mindestens bis zu dem Zeitpunkt, bis zu welchem dem Arbeitnehmer aus dem Dienstverhältnis Arbeitslohn zufließt, und zwar auch dann, wenn er vor der Beendigung des Dienstverhältnisses keinen Dienst mehr leistet.

(2) Macht der Arbeitnehmer glaubhaft, daß er die Lohnsteuerkarte zur Vorlage bei einer Behörde benötigt, so hat der Arbeitgeber ihm die Lohnsteuerkarte vorübergehend auszuhändigen. Endet das Dienstverhältnis vor Ablauf des Kalenderjahres, so hat der Arbeitgeber die Lohnsteuerkarte dem Arbeitnehmer bei Beendigung des Dienstverhältnisses zurückzugeben. Weigert sich

der Arbeitgeber, die Lohnsteuerkarte dem Arbeitnehmer zurückzugeben, so kann die Ortspolizeibehörde die Lohnsteuerkarte wegnehmen und dem Arbeitnehmer aushändigen. Nach Beendigung des Kalenderjahres hat der Arbeitgeber oder, wenn der Arbeitnehmer die Lohnsteuerkarte im Besitz hat, der Arbeitnehmer die Lohnsteuerkarte dem Finanzamt zu übersenden, es sei denn, daß der Arbeitnehmer die Lohnsteuerkarte einem Antrag auf Durchführung des Lohnsteuer-Jahresausgleichs oder einer Einkommensteuererklärung beizufügen hat; die näheren Anordnungen treffen die für die Finanzverwaltung zuständigen obersten Landesbehörden im Einvernehmen mit dem Bundesminister der Finanzen.

§ 30
Einbehaltung der Lohnsteuer
(§ 38 EStG)

(1) Der Arbeitgeber hat die Lohnsteuer für Rechnung des Arbeitnehmers bei der Lohnzahlung einzubehalten. Lohnzahlungen sind auch Vorschuß- oder Abschlagzahlungen oder sonstige vorläufige Zahlungen auf erst später fällig werdenden Arbeitslohn.

(2) Mancher Arbeitgeber zahlt seinen Arbeitnehmern den Arbeitslohn für den üblichen Lohnzahlungszeitaum (§ 33) nur in ungefährer Höhe aus (Abschlagzahlung). Er nimmt eine genaue Lohnabrechnung erst für einen längeren Zeitraum vor. Ein solcher Arbeitgeber kann den Lohnabrechnungszeitraum als Lohnzahlungszeitraum betrachten und die Lohnsteuer abweichend von der Vorschrift in Absatz 1 erst bei der Lohnabrechnung einbehalten. Das Finanzamt kann im einzelnen Fall anordnen, daß die Lohnsteuer nach Absatz 1 einzubehalten ist.

(3)Reichen die dem Arbeitgeber zur Verfügung stehenden Mittel zur Zahlung des vollen vereinbarten Arbeitslohns nicht aus, so hat er die Lohnsteuer von dem tatsächlich zur Auszahlung gelangenden niedrigeren Betrag zu berechnen und einzubehalten.

(4) Besteht der Arbeitslohn ganz oder teilweise aus Sachbezügen und reicht der Barlohn zur Deckung der unter Berücksichtigung des Werts der Sachbezüge (§ 3) einzubehaltenden Lohnsteuer nicht aus, so hat der Arbeitnehmer dem Arbeitgeber den zur Deckung der Lohnsteuer erforderlichen Betrag, soweit er nicht durch Barlohn gedeckt ist, zu zahlen. Soweit der Arbeitnehmer dieser Verpflichtung nicht nachkommt, hat der Arbeitgeber einen dem Betrag im Wert entsprechenden Teil des Arbeitslohns (der Sachbezüge) nach seinem Ermessen zurückzubehalten und daraus die Lohnsteuer für Rechnung des Arbeitnehmers zu decken.

(5) Der Lohnsteuerabzug darf auf Grund einer Regelung zur Vermeidung der Doppelbesteuerung nur unterbleiben, wenn das Finanzamt, an das die Lohnsteuer abzuführen wäre (§ 41), bescheinigt, daß der Empfänger der Einkünfte der Lohnsteuer nicht unterliegt. Die Bescheinigung ist vom Arbeitgeber als Beleg zum Lohnkonto (§ 31) aufzubewahren.

§ 31
Lohnkonto
(§ 38 Abs. 3 EStG)

(1) Der Arbeitgeber hat am Ort der Betriebstätte (§ 43) für jeden Arbeitnehmer ein Lohnkonto zu führen.

(2) Der Arbeitgeber hat in dem Lohnkonto das folgende anzugeben:

1. den Namen (Vornamen und Familiennamen), den Beruf, den Geburtstag, den Wohnsitz, die Wohnung, die Steuerklasse (bei Steuerklasse III auch die

Zahl der auf der Lohnsteuerkarte bescheinigten Kinder), das Religionsbekenntnis, die Nummer der Lohnsteuerkarte, die Gemeinde, die die Lohnsteuerkarte ausgeschrieben hat, und das Finanzamt, in dessen Bezirk die Lohnsteuerkarte ausgeschrieben worden ist. Die Angaben sind den Eintragungen auf der ersten Seite der Lohnsteuerkarte zu entnehmen;

2. den Hinzurechnungsbetrag, den steuerfreien Jahresbetrag und den steuerfreien Monatsbetrag (Wochenbetrag, Tagesbetrag), die auf der Lohnsteuerkarte eingetragen sind, und den Zeitraum, für den die Eintragungen gelten;
3. bei einem Arbeitnehmer, der dem Arbeitgeber eine Bescheinigung nach § 30 Abs. 5 vorgelegt hat, einen Hinweis darauf, daß eine Bescheinigung vorliegt, den Zeitraum, für den die Lohnsteuerbefreiung gilt, das Finanzamt, das die Bescheinigung ausgeschrieben hat, und den Tag der Ausschreibung.

(3) Der Arbeitgeber hat in dem Lohnkonto bei jeder Lohnabrechnung über den laufenden Arbeitslohn und über sonstige Bezüge das Folgende einzutragen:

1. den Tag der Lohnzahlung und den Lohnzahlungszeitraum;
2. den gezahlten Arbeitslohn ohne jeden Abzug, getrennt nach Barlohn und Sachbezügen, und die davon einbehaltene Lohnsteuer. Die nach den Ziffern 3 bis 5 gesondert einzutragenden Beträge sind dabei nicht mitzuzählen;
3. die gezahlten Bezüge, die nicht zum steuerpflichtigen Arbeitslohn gehören (steuerfreie Bezüge). Das Finanzamt der Betriebstätte kann auf Antrag zulassen, daß die Reisekosten (§ 4 Ziff. 1 und 2), die durchlaufenden Gelder und der Auslagenersatz (§ 4 Ziff. 3) und die im § 6 bezeichneten steuerfreien Bezüge nicht angegeben werden, wenn es sich um Fälle von geringer Bedeutung handelt oder wenn die Möglichkeit zur Nachprüfung in anderer Weise sichergestellt ist;
4. den ermäßigt besteuerten Arbeitslohn für eine Tätigkeit, die sich über mehrere Jahre erstreckt (§ 34 Abs. 4 des Einkommensteuergesetzes), und die davon einbehaltene Lohnsteuer;
5. die gezahlten Vergütungen für Arbeitnehmererfindungen und die davon einbehaltene Lohnsteuer nach § 3 der Verordnung über die steuerliche Behandlung der Vergütungen für Arbeitnehmererfindungen vom 6. Juni 1951 (Bundesgesetzbl. I S. 388).

(4) Das Lohnkonto ist beim Ausscheiden des Arbeitnehmers, spätestens am Ende des Kalenderjahres aufzurechnen und bis zum Ablauf des fünften Kalenderjahres, das auf die Lohnzahlung folgt, aufzubewahren.

(5) Ein Lohnkonto braucht nicht geführt zu werden, wenn der Arbeitslohn des Arbeitnehmers während des ganzen Kalenderjahres 140 Deutsche Mark monatlich (32 Deutsche Mark wöchentlich, 5 Deutsche Mark täglich, 3 Deutsche Mark halbtäglich) nicht übersteigt, es sei denn, daß trotzdem Lohnsteuer (§ 36 und § 37 Abs. 1) oder Kirchensteuer einzubehalten ist.

B. Berechnung der Lohnsteuer

(§§ 32 bis 40)

§ 32

Lohnsteuertabelle

(§ 39 Abs. 1 EStG)

(1) Die Lohnsteuer richtet sich nach der Höhe des Arbeitslohns im Lohnzahlungszeitraum. Sie berechnet sich nach der Jahreslohnsteuertabelle, die dem Einkommensteuergesetz als Anlage 2 beigefügt ist. Wird der Arbeitslohn für einen monatlichen Zeitraum gezahlt, so betragen die Lohnstufen und die Lohnsteuer ein Zwölftel der Beträge der Jahreslohnsteuertabelle. Dabei sind die Lohnsteuerbeträge auf den nächsten durch fünf teilbaren Pfennigbetrag

nach unten abzurunden. Wird der Arbeitslohn für einen anderen als monatlichen Zeitraum gezahlt, so betragen die Lohnstufen und die Lohnsteuer Bruchteile der Beträge der Lohnsteuertabelle für monatliche Lohnzahlung, und zwar

1. für nicht mehr als vier Arbeitsstunden, aber nicht mehr als einen halben Arbeitstag 1/52,
2. für mehr als vier Arbeitsstunden, aber nicht mehr als einen Arbeitstag 1/26,
3. für eine volle Arbeitswoche . . . . 6/26.

(2) Für andere als die in Absatz 1 bezeichneten Lohnzahlungszeiträume ergeben sich die Lohnstufen und die Lohnsteuer aus den mit der Zahl der Arbeitstage (Wochen, Monate) vervielfachten Tagesbeträgen (Wochenbeträgen, Monatsbeträgen). Bei mehrtägigen Lohnzahlungszeiträumen, die nicht in vollen Arbeitswochen oder in vollen Arbeitsmonaten bestehen, ist zur Feststellung der Zahl der Arbeitstage für je sieben Kalendertage ein Tag abzuziehen.

(3) Für die Berechnung der Lohnstufen ist von den Anfangsbeträgen der Lohnstufen der Tabelle, aus der die Errechnung nach den Vorschriften des Absatzes 1 oder 2 abzuleiten ist, auszugehen. Ergeben sich dabei Bruchteile eines Pfennigs, so ist auf den nächsten Pfennigbetrag aufzurunden. Bruchteile eines Pfennigs, die sich bei der Berechnung der Lohnsteuer ergeben, bleiben außer Ansatz.

§ 32 a

Berechnung der Lohnsteuer von bestimmten Zuschlägen

(§ 34 a EStG)

Die gesetzlichen oder tariflichen Zuschläge für Mehrarbeit und für Sonntags-, Feiertags- und Nachtarbeit gehören nicht zum steuerpflichtigen Arbeitslohn, wenn der Arbeitslohn insgesamt 7 200 Deutsche Mark im Kalenderjahr nicht übersteigt. Bei der Feststellung, ob der Arbeitslohn 7 200 Deutsche Mark nicht übersteigt, sind der Mehrarbeitslohn, zu dem gesetzliche oder tarifliche Zuschläge für Mehrarbeit gezahlt werden, einschließlich dieser Zuschläge, sowie gesetzliche oder tarifliche Zuschläge für Sonntags-, Feiertags- und Nachtarbeit und steuerfreie Bezüge nicht mitzuzählen. Ergibt sich erst im Laufe des Kalenderjahres, daß der Arbeitslohn im Kalenderjahr 7 200 Deutsche Mark übersteigen wird, so bleibt, vorbehaltlich einer abweichenden Behandlung beim Lohnsteuer-Jahresausgleich, die steuerliche Behandlung nach Satz 1 für die abgelaufenen Lohnzahlungszeiträume unberührt, es sei denn, daß die Überschreitung des Betrags von 7 200 Deutsche Mark auf die Zahlung von Arbeitslohn für eine zurückliegende Zeit oder auf der Zahlung von sonstigen, insbesondere einmaligen Bezügen beruht.

§ 33

Lohnzahlungszeitraum

(§ 39 Abs. 1, Abs. 6 Ziff. 4 EStG)

(1) Lohnzahlungszeitraum ist der Zeitraum, für den der Arbeitslohn gezahlt wird. Dies gilt auch dann, wenn der Arbeitslohn nicht nach der Dauer der Arbeit, sondern z. B. nach der Stückzahl der hergestellten Gegenstände berechnet wird. Maßgebend ist, daß ein Zeitraum, für den der Arbeitslohn gezahlt wird, festgestellt werden kann. Dies trifft insbesondere dann zu, wenn zwischen Arbeitgeber und Arbeitnehmer regelmäßig abgerechnet wird. Es ist nicht erforderlich, daß stets nach gleichmäßigen Zeitabschnitten abgerechnet wird, z. B. stets wöchentlich oder alle 10 oder 14 Tage. Wenn der Arbeitslohn des einzelnen Arbeitnehmers z. B. einmal nach einer Woche, das nächste Mal nach 10 Tagen abgerechnet wird, so ist Lohnzahlungszeitraum der jeweilige

Lohnabrechnungszeitraum. Kann wegen der besonderen Entlohnungsart ein Zeitraum, für den der Arbeitslohn gezahlt wird, ausnahmsweise nicht festgestellt werden, so gilt als Lohnzahlungszeitraum mindestens die tatsächlich aufgewendete Arbeitszeit.

(2) Steht der Arbeitnehmer während eines Lohnzahlungszeitraums dauernd und derartig im Dienst eines Arbeitgebers, daß seine Arbeitskraft nach dem Dienstverhältnis während dieses Zeitraums vollständig oder doch hauptsächlich dem Arbeitgeber zur Verfügung steht, so sind, solange das Dienstverhältnis fortbesteht, die in den Lohnzahlungszeitraum fallenden Arbeitstage auch dann mitzuzählen, wenn der Arbeitnehmer für einzelne Tage keinen Lohn bezogen hat. Dies gilt insbesondere bei Kurzarbeit infolge Betriebseinschränkung sowie in Krankheitsfällen.

§ 34
Anwendung der Lohnsteuertabelle
(§ 39 Abs. 1 bis 6 EStG)

(1) Bei Anwendung der Lohnsteuertabelle sind für die Berücksichtigung von Hinzurechnungen (§ 14) und von Abzügen (§ 27) und für die Anwendung der Steuerklassen die Eintragungen auf der Lohnsteuerkarte (§§ 7 und folgende), und zwar des Kalenderjahres maßgebend, in dem

1. bei Vorauszahlung des Arbeitslohns der Lohnzahlungszeitraum (§ 33) beginnt,
2. bei nachträglicher Zahlung des Arbeitslohns der Lohnzahlungszeitraum (§ 33) endet.

(2) Ist auf der Lohnsteuerkarte die Steuerklasse I bescheinigt, so hat der Arbeitgeber — abweichend von Absatz 1 — von dem Lohnzahlungszeitraum an, in den der Tag nach der Vollendung des 60. Lebensjahres durch den Arbeitnehmer fällt, die Steuerklasse II anzuwenden. Das gleiche gilt bei Verwitweten von der Vollendung des 50. Lebensjahres an, wenn aus den Eintragungen auf der Lohnsteuerkarte hervorgeht, daß der Arbeitnehmer verwitwet ist.

(3) entfällt.

§ 35
(entfällt)

§ 36
Mehrere Dienstverhältnisse
(§ 39 Abs. 6 Ziff. 2 EStG)

(1) Bezieht ein Arbeitnehmer Arbeitslohn aus mehreren gegenwärtigen oder früheren Dienstverhältnissen gleichzeitig von verschiedenen Arbeitgebern, so ist die Lohnsteuer von jedem Arbeitslohn gesondert zu berechnen, es sei denn, daß der Arbeitslohn aus derselben öffentlichen Kasse, d. h. von demselben Arbeitgeber gezahlt wird (§ 49 Abs. 1 Satz 2). Die Lohnsteuer bei dem Dienstverhältnis, für das die erste Lohnsteuerkarte vorgelegt ist, ist nach § 34 zu berechnen. Bei der Berechnung der Lohnsteuer aus dem zweiten oder weiteren Dienstverhältnis ist vor Anwendung des § 34 der Vermerk auf der zweiten oder weiteren Lohnsteuerkarte (§ 14) zu beachten.

(2) entfällt.

§ 37
Nichtvorlegung der Lohnsteuerkarte
(§ 39 Abs. 6 Ziff. 1 EStG)

(1) Legt der Arbeitnehmer seine Lohnsteuerkarte dem Arbeitgeber schuldhaft nicht vor oder verzögert er schuldhaft die Rückgabe der Lohnsteuerkarte, so hat der Arbeitgeber für die Berechnung der Lohnsteuer vor Anwendung der Lohnsteuertabelle dem tatsächlichen Arbeitslohn

monatlich DM	wöchentlich DM	täglich DM	halbtäglich DM
115	27	5	3

hinzuzurechnen. Wird der Arbeitslohn für andere als die hier genannten Lohnzahlungszeiträume gezahlt, so sind die vorstehend genannten Beträge nach § 32 Abs. 2 umzurechnen. Für den nach der Hinzurechnung sich ergebenden Betrag ist die Lohnsteuer aus der Steuerklasse I der Lohnsteuertabelle abzulesen, bis der Arbeitnehmer die Lohnsteuerkarte dem Arbeitgeber vorlegt oder zurückgibt (§ 29).

(2) Der Arbeitgeber kann die Lohnsteuer von dem Arbeitslohn für den Monat Januar eines Kalenderjahres, abweichend von der Vorschrift des Absatzes 1, nach den Eintragungen auf der Lohnsteuerkarte für das vorhergehende Kalenderjahr berechnen, wenn der Arbeitnehmer die nach § 34 Abs. 1 maßgebende Lohnsteuerkarte für das neue Kalenderjahr bis zur Zahlung des Arbeitslohns nicht vorgelegt hat. Einen nach Vorlegung der Lohnsteuerkarte für das neue Kalenderjahr erforderlichen Ausgleich in der Lohnsteuerberechnung für den Monat Januar kann der Arbeitgeber bei den Zahlungen des Arbeitslohns für die Monate Februar oder März vornehmen. Dabei sind Änderungen oder Ergänzungen der Lohnsteuerkarte (§§ 17 bis 27) für das neue Kalenderjahr schon vom 1. Januar ab zu berücksichtigen, auch wenn die Änderung (Ergänzung) erst im Laufe des Monats Januar eingetragen worden ist, es sei denn, daß die Änderung (Ergänzung) nach der Eintragung auf der Lohnsteuerkarte erst von einem späteren Zeitpunkt an gilt (§ 27 Abs. 2 Sätze 2 und 3).

(3) Die Vorschriften des Absatzes 1 sind auf Arbeitnehmer, für die nach § 7 Abs. 1 Satz 2, §§ 38 bis 40 keine Lohnsteuerkarten auszuschreiben sind, nicht anzuwenden. Dies gilt für die nach § 40 beschränkt Steuerpflichtigen nur dann, wenn das Finanzamt dem Arbeitgeber bescheinigt, daß der Arbeitnehmer als beschränkt lohnsteuerpflichtig zu behandeln ist. Die Bescheinigung ist vom Arbeitgeber als Beleg zum Lohnkonto aufzubewahren.

§ 38

Im Ausland wohnhafte Beamte und leitende Angestellte

(§ 14 Abs. 2, 3 StAnpG)

(1) Deutsche öffentliche Beamte, die ihren Dienstort im Ausland haben, sind wie Personen zu behandeln, die ihren gewöhnlichen Aufenthalt an dem Ort haben, an dem sich die inländische öffentliche Kasse befindet, die die Dienstbezüge zu bezahlen hat. Die leitenden Angestellten eines inländischen Unternehmens (eines Unternehmens, das seine Geschäftsleitung oder seinen Sitz im Inland hat), die im Inland weder einen Wohnsitz noch ihren gewöhnlichen Aufenthalt haben, sind wie Personen zu behandeln, die ihren gewöhnlichen Aufenthalt an dem Ort haben, an dem sich die Geschäftsleitung oder der Sitz des inländischen Unternehmens befindet.

(2) Für die im Absatz 1 genannten Arbeitnehmer sind keine Lohnsteuerkarten auszuschreiben. Die Lohnsteuer richtet sich nach der Steuerklasse, die für den Arbeitnehmer maßgebend ist (§§ 7, 8, 18 und 34). Der Arbeitnehmer ist berechtigt, die für die Anwendung der Steuerklassen maßgebenden Verhältnisse durch eine amtliche Bescheinigung nachzuweisen.

(3) Weisen die im Absatz 1 genannten Arbeitnehmer nach, daß bei ihnen die Voraussetzungen vorliegen, unter denen nach §§ 20 bis 27 Beträge vom Arbeitslohn steuerfrei bleiben dürfen, so stellt das für den Arbeitgeber zuständige Finanzamt auf Antrag des Arbeitnehmers eine den Vorschriften des § 27 entsprechende Bescheinigung aus. Auf Grund dieser Bescheinigung darf der Arbeitgeber in entsprechender Anwendung des § 28 die bescheinigten Beträge steuerfrei lassen.

§ 39

(entfällt)

§ 40

Beschränkt Steuerpflichtige

(§ 1 Abs. 2 und 3, §§ 49, 50 EStG)

(1) Beschränkt lohnsteuerpflichtig sind Arbeitnehmer, die im Inland weder einen Wohnsitz noch ihren gewöhnlichen Aufenthalt haben, soweit sie nicht zu den nach § 38 unbeschränkt Steuerpflichtigen gehören. Sie unterliegen der beschränkten Steuerpflicht, wenn die nichtselbständige Arbeit im Inland ausgeübt oder verwertet wird oder worden ist oder wenn der Arbeitslohn aus inländischen öffentlichen Kassen, einschließlich der Kassen der Deutschen Bundesbahn und der Bank deutscher Länder, mit Rücksicht auf ein gegenwärtiges oder früheres Dienstverhältnis gewährt wird. Bei Personen, die im Inland weder einen Wohnsitz noch ihren gewöhnlichen Aufenthalt haben, die aber im Inland eine literarische (schriftstellerische) oder künstlerische Tätigkeit ausüben, wird von den Bezügen aus dieser Tätigkeit ohne Rücksicht auf die Gestaltung der Vertragsverhältnisse im einzelnen Lohnsteuer erhoben.

(2) Die Arbeit (Tätigkeit) ist im Inland ausgeübt, wenn der Arbeitnehmer im Inland persönlich tätig geworden ist. Die Arbeit ist im Inland verwertet, wenn sie zwar nicht im Inland persönlich ausgeübt wird, aber ihr wirtschaftlicher Erfolg der inländischen Volkswirtschaft unmittelbar zu dienen bestimmt ist. Auch Einkünfte aus nichtselbständiger Arbeit von Schiffspersonal auf deutschen Schiffen unterliegen der beschränkten Steuerpflicht, soweit nicht unbeschränkte Steuerpflicht gegeben ist.

(3) Die Lohnsteuer bemißt sich bei beschränkt steuerpflichtigen Arbeitnehmern (Absatz 1) nach der Steuerklasse und nach den Kinderermäßigungen, die nach Kenntnis des Arbeitgebers für den Arbeitnehmer maßgebend sind (§§ 7, 8, 18 und 34). Der Arbeitnehmer ist berechtigt, die Verhältnisse, die für die Anwendung der Steuerklasse und für die Gewährung der Kinderermäßigung maßgebend sind, dem Arbeitgeber durch eine amtliche Bescheinigung nachzuweisen.

(4) Macht ein beschränkt steuerpflichtiger Arbeitnehmer (Absatz 1) glaubhaft, daß seine Werbungskosten, die beim Arbeitslohn zu berücksichtigen sind, 312 Deutsche Mark jährlich oder die Sonderausgaben 624 Deutsche Mark jährlich übersteigen, so ist der übersteigende Betrag für die Lohnsteuerberechnung von dem Arbeitslohn abzuziehen. Die Vorschriften der §§ 25, 25 a und 26 sind nicht anwendbar. Die Eintragung des steuerfreien Betrags auf der Lohnsteuerkarte wird durch die Ausschreibung einer Bescheinigung durch das Finanzamt ersetzt, die den Vorschriften des § 27 entspricht. Der Arbeitnehmer muß diese Bescheinigung dem Arbeitgeber vorlegen.

(5) Die Vorschriften der Absätze 1 bis 4, ausgenommen Absatz 4 Satz 2, gelten entsprechend für Arbeitnehmer, die weder einen Wohnsitz noch ihren gewöhnlichen Aufenthalt im Bundesgebiet, aber einen Wohnsitz oder ihren gewöhnlichen Aufenthalt in einem zum Inland gehörenden Gebiet haben, in dem Personen mit Wohnsitz oder gewöhnlichem Aufenthalt im Bundesgebiet als beschränkt einkommensteuerpflichtig behandelt werden.

(6) Der an ausländische Arbeitnehmer gezahlte Arbeitslohn unterliegt nicht der Lohnsteuer, wenn es sich um eine Arbeitsleistung von nur vorübergehender Dauer während des Aufenthalts eines deutschen Schiffes in einem ausländischen Hafen handelt.

C. Verwendung der einbehaltenen Lohnsteuer (§§ 41 bis 46)

§ 41

Abführung der Lohnsteuer

(§ 38 EStG)

(1) Der Arbeitgeber hat die einbehaltene Lohnsteuer in einem Betrag an die Kasse des Finanzamts der Betriebstätte oder an eine von der Oberfinanzdirektion bestimmte Kasse abzuführen. Die einbehaltene Lohnsteuer darf nicht an Kassenhilfsstellen abgeführt werden. Der Arbeitgeber muß auf dem Zahlungsabschnitt angeben oder durch seine Geldanstalt angeben lassen: die Steuernummer, das Wort „Lohnsteuer" und den Zeitraum, in dem die Lohnsteuer einbehalten worden ist. Die Namen der Abeitnehmer, auf die der abgeführte Lohnsteuerbetrag entfällt, sind nicht anzugeben.

(2) Die Lohnsteuer ist abzuführen

1. spätestens am zehnten Tag nach Ablauf eines jeden Kalendermonats, wenn die einbehaltene Lohnsteuer im letzten vorangegangenen Kalendervierteljahr monatlich durchschnittlich mehr als 50 Deutsche Mark betragen hat,
2. spätestens am zehnten Tag nach Ablauf eines jeden Kalendervierteljahres, wenn die einbehaltene Lohnsteuer im letzten vorangegangenen Kalendervierteljahr monatlich durchschnittlich nicht mehr als 50 Deutsche Mark betragen hat,

Hat der Betrieb im letzten vorangegangenen Kalendervierteljahr noch nicht bestanden, so richtet sich der Zeitpunkt für die Abführung der Lohnsteuer danach, ob die einbehaltene Lohnsteuer im ersten vollen Kalendermonat nach Eröffnung des Betriebs den Betrag von 50 Deutsche Mark überstiegen (Ziffer 1) oder nicht überstiegen (Ziffer 2) hat.

(3) Das Finanzamt kann von einem Arbeitgeber, der die Lohnsteuer nach den Vorschriften im Absatz 2 vierteljährlich abzuführen hat, monatliche Abführung verlangen, wenn das zur Sicherstellung der richtigen Abführung der Lohnsteuer erforderlich ist.

§ 42

(entfällt)

§ 43

Betriebstätte

(§ 38 EStG)

Betriebstätte im Sinn der Verordnung ist der Betrieb oder Teil des Betriebs des Arbeitgebers, in dem die Berechnung des Arbeitslohns und der Lohnsteuer vorgenommen wird und die Lohnsteuerkarten der Arbeitnehmer aufbewahrt werden. Als Betriebstätte gilt auch der Heimathafen deutscher Handelsschiffe, wenn die Reederei im Inland keine Niederlassung hat.

§ 44

Lohnsteueranmeldung

(§ 38 EStG)

(1) Der Arbeitgeber hat unabhängig davon, ob die einbehaltene Lohnsteuer an die Kasse des Finanzamts abgeführt worden ist, der Kasse des Finanzamts der Betriebstätte eine Lohnsteueranmeldung zu übersenden

1. bei monatlicher Abführung der Lohnsteuer (§ 41 Abs. 2 Ziff. 1 und Abs. 3) spätestens am zehnten Tag nach Ablauf eines jeden Kalendermonats,

2. bei vierteljährlicher Abführung der Lohnsteuer (§ 41 Abs. 2 Ziff. 2) spätestens am zehnten Tag nach Ablauf eines jeden Kalendervierteljahres.

Der Arbeitgeber hat in der Lohnsteueranmeldung nach bestem Wissen und Gewissen zu versichern, wieviel Lohnsteuer er im Kalendermonat (Ziffer 1) oder im Kalendervierteljahr (Ziffer 2) einbehalten hat. Die Lohnsteueranmeldung ist durch den Arbeitgeber oder durch eine Person, die zu seiner Vertretung rechtlich befugt ist, zu unterschreiben. Vordrucke zu den Lohnsteueranmeldungen werden den Arbeitgebern auf Antrag durch das Finanzamt kostenlos geliefert.

(2) Der Arbeitgeber muß die Lohnsteueranmeldung auch dann abgeben, wenn er in dem Anmeldungszeitraum Lohnsteuer nicht einzubehalten hatte. Der Arbeitgeber hat in diesem Fall in der Lohnsteueranmeldung zu bescheinigen, daß er im Anmeldungszeitraum keine Lohnsteuer einzubehalten hatte. Der Arbeitgeber wird von der Verpflichtung zur Abgabe weiterer Lohnsteueranmeldungen befreit, wenn er Arbeitnehmer, für die nach § 31 ein Lohnkonto zu führen ist, nicht mehr beschäftigt und das dem Finanzamt mitteilt.

(3) Das Finanzamt der Betriebstätte hat den rechtzeitigen Eingang der Lohnsteueranmeldungen zu überwachen. Es kann bei nicht rechtzeitigem Eingang der Lohnsteueranmeldungen einen Zuschlag nach § 168 Abs. 2 der Reichsabgabenordnung festsetzen, erforderlichenfalls den Eingang der Lohnsteueranmeldung nach § 202 der Reichsabgabenordnung erzwingen.

§ 45
Unregelmäßigkeiten bei der Abführung
(§ 38 EStG)

Bleiben die fälligen Zahlungen (§ 41) eines Arbeitgebers aus oder erscheinen die geleisteten Zahlungen auffallend gering und hat auch eine besondere Erinnerung keinen Erfolg, so hat das Finanzamt den säumigen Betrieb nach §§ 50 und folgende außer der Reihe zu prüfen und gegebenenfalls die Abführung der einbehaltenen Lohnsteuer nach §§ 325 und folgende der Reichsabgabenordnung zu erzwingen. Das Finanzamt kann von einer Prüfung des Betriebs außer der Reihe absehen, die Höhe der rückständigen Lohnsteuer nach § 217 der Reichsabgabenordnung schätzen und den Arbeitgeber in Höhe des geschätzten Rückstandes haftbar machen (§ 46).

§ 46
Haftung
(§ 38 Abs. 3 EStG, § 116 AO)

(1) Der Arbeitnehmer ist beim Lohnsteuerabzug Steuerschuldner. Der Arbeitgeber haftet aber für die Einbehaltung und Abführung der vom Arbeitslohn einzubehaltenden Lohnsteuer. Übereignet der Arbeitgeber seinen Betrieb, so haftet der Erwerber neben ihm für die Lohnsteuer, die seit dem Beginn des letzten vor der Übereignung liegenden Kalenderjahres an das Finanzamt abzuführen war.

(2) Der Arbeitnehmer (Steuerschuldner) wird nur in Anspruch genommen,

1. wenn der Arbeitslohn nicht vorschriftsmäßig gekürzt worden ist,
2. wenn der Arbeitnehmer weiß, daß der Arbeitgeber die einbehaltene Lohnsteuer nicht vorschriftsmäßig abgeführt hat und dies dem Finanzamt nicht unverzüglich mitteilt,
3. wenn der Arbeitnehmer die ihm nach § 7 Abs. 10 und § 8 Abs. 4 obliegende Verpflichtung, die Berichtigung der Lohnsteuerkarte zu beantragen, nicht rechtzeitig erfüllt hat,
4. wenn die Voraussetzungen für die Nachforderung von Lohnsteuer nach § 20 b vorliegen.

(3) Gegen die in den Absätzen 1 und 2 genannten Personen ist im Fall der Lohnsteuernachforderung ein schriftlicher Bescheid zu erlassen. Dieser muß außer der Höhe der nachgeforderten Lohnsteuer enthalten

1. eine Belehrung darüber, daß der Einspruch binnen eines Monats zulässig ist und daß der Einspruch bei dem Finanzamt einzulegen ist, das den Bescheid erlassen hat,
2. die Grundlagen für die Festsetzung der Lohnsteuer, soweit sie dem Steuerpflichtigen noch nicht mitgeteilt sind,
3. eine Anweisung, wo und wann die Steuer zu entrichten ist (Leistungsgebot).

(4) Eines Bescheids und eines Leistungsgebots bedarf es nicht, wenn der nach Absätzen 1 und 2 zur Zahlung Verpflichtete vor dem Finanzamt oder dem mit der Nachprüfung des Steuerabzugs Beauftragten des Finanzamts seine Verpflichtung zur Zahlung der Lohnsteuer schriftlich anerkannt oder der Arbeitgeber über die von ihm einbehaltene, aber nicht abgeführte Lohnsteuer eine Lohnsteueranmeldung (§ 44) abgegeben hat. Dem Erwerber eines Betriebs ist im Fall des Absatzes 1 Satz 3 ein Bescheid auch dann zu erteilen, wenn die Lohnsteueranmeldung vorliegt.

D. Sonstige Pflichten des Arbeitgebers (§§ 47 bis 49)

§ 47
Lohnsteuerbescheinigung
(§ 42 EStG)

(1) Der Arbeitgeber hat nach Ablauf des Kalenderjahres auf der Lohnsteuerkarte des Arbeitnehmers für das abgelaufene Kalenderjahr dem Vordruck auf der zweiten Seite der Lohnsteuerkarte entsprechend zu bescheinigen, während welcher Zeit der Arbeitnehmer im abgelaufenen Kalenderjahr bei ihm beschäftigt gewesen ist und wieviel in dieser Zeit der Arbeitslohn (einschließlich Sachbezüge) und die davon einbehaltene Lohnsteuer (sowie gegebenenfalls Kirchensteuer) betragen haben (Lohnsteuerbescheinigung). Der ermäßigt besteuerte Arbeitslohn für eine Tätigkeit, die sich über mehrere Jahre erstreckt (§ 31 Abs. 3 Ziff. 4) und die Vergütungen für Arbeitnehmererfindungen (§ 31 Abs. 3 Ziff. 5) sowie die von den bezeichneten Bezügen einbehaltene Lohnsteuer sind je gesondert anzugeben. Steuerfreie Bezüge (§§ 4 bis 6, § 32 a) sind nicht anzugeben. Der Zeitraum, für den die besondere Besteuerung wegen Nichtvorlegung der Lohnsteuerkarte nach § 37 vorzunehmen war, ist zu vermerken. Der Arbeitgeber hat am Schluß der Lohnsteuerbescheinigung, dem Vordruck entsprechend, die Merkmale der Lohnsteuerkarte des Arbeitnehmers für das folgende Kalenderjahr einzutragen.

(2) Endet das Dienstverhältnis vor dem 31. Dezember des Kalenderjahres, so hat der Arbeitgeber die Lohnsteuerbescheinigung schon bei Beendigung des Dienstverhältnisses auszuschreiben. Der Vordruck für die Merkmale der Lohnsteuerkarte des Arbeitnehmers für das folgende Kalenderjahr bleibt in diesem Fall unausgefüllt.

(3) Das Finanzamt kann auf Antrag zulassen, daß Arbeitgeber, bei denen die üblichen Verhältnisse des Wirtschaftszweigs es mit sich bringen, daß vorübergehend stoßweise eine im Verhältnis zur normalen Anzahl von Arbeitnehmern des Betriebs große Zahl von Aushilfskräften beschäftigt wird, deren Dienstverhältnis nur kurze Zeit dauert, oft sogar an demselben Tag beginnt und endet (Tagelöhner), von der Ausschreibung der Lohnsteuerbescheinigung jeweils nach Beendigung des Dienstverhältnisses (Absatz 2) für ihre Aushilfskräfte (Tagelöhner) absehen. In diesem Fall ist erst nach Ablauf des Kalenderjahres für jede im abgelaufenen Kalenderjahr beschäftigt gewesene Aushilfskraft eine besondere Lohnsteuerbescheinigung (Lohnsteuerüberweisungsblatt)

nach näherer Anordnung der für die Finanzverwaltung zuständigen obersten Landesbehörden im Einvernehmen mit dem Bundesminister der Finanzen dem Finanzamt der Betriebstätte einzusenden. Diese Ermächtigung bezieht sich nur auf die Aushilfskräfte (Tagelöhner), nicht dagegen auf die sonstigen Arbeitnehmer des Betriebs. Der Arbeitgeber hat nach Ablauf des Kalenderjahres ein Lohnsteuerüberweisungsblatt dem Finanzamt der Betriebstätte auch dann zu übersenden, wenn er für einen vor dem 31. Dezember eines Kalenderjahres ausgeschiedenen Arbeitnehmer entgegen der Vorschrift des Absatzes 2 eine Lohnsteuerbescheinigung nicht ausgeschrieben hat oder wenn ihm für einen Arbeitnehmer eine Lohnsteuerkarte, gleichgültig aus welchen Gründen, nicht vorgelegen hat. Das Lohnsteuerüberweisungsblatt hat die der Lohnsteuerbescheinigung entsprechenden Angaben zu enthalten.

(4) Der Arbeitgeber hat die Lohnsteuerbescheinigung auf Grund der Eintragungen in dem Lohnkonto (§ 31) auszuschreiben.

(5) Dem Arbeitnehmer ist jede Änderung der vom Arbeitgeber vorgenommenen Eintragungen verboten.

§ 48
Lohnzettel
(§ 42 EStG)

(1) Der Arbeitgeber hat unbeschadet der Vorschrift des § 47 nach Schluß des Kalenderjahres auf Grund der Eintragungen im Lohnkonto einen Lohnzettel auszuschreiben:

1. ohne besondere Aufforderung für einen Arbeitnehmer, dessen Arbeitslohn im vorangegangenen Kalenderjahr 24 000 Deutsche Mark überstiegen hat. Bei einem Arbeitnehmer, der nur während eines Teils des Kalenderjahres bei dem Arbeitgeber beschäftigt war, ist für die Frage, ob der Arbeitslohn 24 000 Deutsche Mark im Kalenderjahr überstiegen hat, der Arbeitslohn auf einen vollen Jahresbetrag umzurechnen;
2. ohne besondere Aufforderung für einen Arbeitnehmer,
   a) auf dessen (erster) Lohnsteuerkarte die Ausschreibung einer zweiten oder weiteren Lohnsteuerkarte vermerkt ist,
   b) dessen Lohnsteuerkarte als zweite oder weitere Lohnsteuerkarte bezeichnet ist.

   In diesen Fällen ist auf dem Lohnzettel anzugeben: „Mehrere Lohnsteuerkarten“;
3. auf Antrag für einen Arbeitnehmer, dessen Arbeitslohn im vorangegangenen Kalenderjahr 24 000 Deutsche Mark nicht überstiegen hat, wenn der Arbeitnehmer zur Einkommensteuer veranlagt wird.

(2) Im Lohnzettel sind je gesondert anzugeben

1. der gezahlte Arbeitslohn und die davon einbehaltene Lohnsteuer (§ 31 Abs. 3 Ziff. 2),
2. die gezahlten steuerfreien Bezüge (§§ 4 bis 6, § 32 a),
3. der ermäßigt besteuerte Arbeitslohn für eine Tätigkeit, die sich über mehrere Jahre erstreckt, und die davon einbehaltene Lohnsteuer (§ 31 Abs. 3 Ziff. 4),
4. die Vergütungen für Arbeitnehmererfindungen und die davon einbehaltene Lohnsteuer (§ 31 Abs. 3 Ziff. 5).

(3) Der Arbeitgeber hat die nach Absatz 1 Ziffern 1 und 2 ausgeschriebenen Lohnzettel nach näherer Anordnung der für die Finanzverwaltung zuständigen obersten Landesbehörden, die im Einvernehmen mit dem Bundesminister der Finanzen zu treffen ist, an das für den Arbeitnehmer nach seinem Wohnsitz

(gewöhnlichen Aufenthalt) zuständige Finanzamt zu übersenden. Vordrucke zu Lohnzetteln werden den Arbeitgebern auf Antrag vom Finanzamt kostenlos geliefert.

§ 49

Behörden

(§ 38 EStG)

(1) Die Behörden und die sonstigen Körperschaften des öffentlichen Rechtes haben — wie alle sonstigen Arbeitgeber — die Lohnsteuer nach §§ 29 bis 48 einzubehalten. Die öffentliche Kasse hat bei Auszahlung des Arbeitslohns die Rechte und Pflichten des Arbeitgebers im Sinn dieser Vorschriften.

(2) Wird ein Arbeitnehmer, der den Arbeitslohn im voraus für einen Zahlungszeitraum erhalten hat, während dieser Zeit einer anderen Dienststelle überwiesen und geht die Zahlung des Arbeitslohns auf die Kasse dieser Dienststelle über, so hat die früher zuständige Kasse in der Lohnsteuerbescheinigung (§ 47) den vollen von ihr gezahlten Arbeitslohn und die davon einbehaltene Lohnsteuer auch dann aufzunehmen, wenn ihr ein Teil des Arbeitslohns von der nunmehr zuständigen Kasse erstattet wird. Die nunmehr zuständige Kasse hat den der früher zuständigen Kasse erstatteten Teil des Arbeitslohns in die von ihr auszuschreibende Lohnsteuerbescheinigung nicht aufzunehmen.

(3) Die Oberfinanzdirektionen können zulassen, daß die von mehreren Kassen einer Verwaltung einbehaltene Lohnsteuer an die Kasse eines Finanzamts, an die Oberfinanzkasse oder unmittelbar an eine übergeordnete Kasse abgeführt wird. Liegen die auszahlenden Kassen in mehreren Oberfinanzbezirken eines Landes, so entscheidet die für die Finanzverwaltung zuständige oberste Landesbehörde.

(4) Öffentliche Kassen haben alljährlich spätestens bis zum 31. Januar dem für sie zuständigen Finanzamt ein Verzeichnis der außerhalb Deutschlands wohnenden oder sich aufhaltenden Personen zu übersenden, an die sie während des abgelaufenen Kalenderjahres regelmäßig wiederkehrende Bezüge mit Rücksicht auf eine gegenwärtige oder frühere Dienstleistung oder Berufstätigkeit gezahlt haben.

V. Nachprüfung des Lohnsteuerabzugs

(§§ 50 bis 55)

§ 50

Außenprüfung

(§ 193 AO)

Das Finanzamt überwacht die ordnungsmäßige Einbehaltung und Abführung der Lohnsteuer durch eine Prüfung (Außenprüfung) sowohl der privaten als auch der öffentlich-rechtlichen Arbeitgeber, die im Bezirk des Finanzamts eine Betriebstätte unterhalten. Haushaltungen, in denen nur gering entlohnte Hausgehilfinnen beschäftigt werden, sind in der Regel nicht zu prüfen.

§ 51

Die Außenprüfung hat sich hauptsächlich darauf zu erstrecken, ob sämtliche Arbeitnehmer, auch die nicht ständig beschäftigten, und alle zum Arbeitslohn gehörigen Einnahmen, gleichgültig in welcher Form sie gewährt werden, dem Steuerabzug unterworfen werden und ob bei der Berechnung der Lohnsteuer von der richtigen Lohnhöhe ausgegangen ist.

§ 52

(1) Für die Überwachung und Nachprüfung des Steuerabzugs ist beim Finanzamt eine Arbeitgeberkartei nach den Bestimmungen der Buchungsordnung für die Finanzämter oder eine Arbeitgeberliste zu führen.

(2) Die Außenprüfung ist planmäßig so zu gestalten, daß in einem von der Oberfinanzdirektion festzusetzenden Zeitabschnitt jede Betriebstätte mindestens einmal nachgeprüft wird. Die Oberfinanzdirektionen treffen auch die weiteren Anordnungen über die Gestaltung der Außenprüfung.

§ 53
Verpflichtung des Arbeitgebers
(§§ 193, 194, 195 AO)

(1) Die Arbeitgeber sind verpflichtet, den mit der Nachprüfung des Steuerabzugs Beauftragten des Finanzamts, wenn sie einen mit Lichtbild und Dienststempel versehenen Ausweis der zuständigen Finanzbehörde vorlegen, das Betreten der Geschäftsräume in den üblichen Geschäftsstunden zu gestatten und ihnen die erforderlichen Hilfsmittel (Geräte, Beleuchtung) und einen angemessenen Raum oder Arbeitsplatz zur Erledigung ihrer Aufgaben zur Verfügung zu stellen.

(2) Die Arbeitgeber und ihre Angestellten haben dem Beauftragten des Finanzamts Einsicht in die von ihnen aufbewahrten Lohnsteuerkarten der Arbeitnehmer, in die nach § 31 vorgeschriebenen Aufzeichnungen und in die Lohnbücher der Betriebe sowie in die Geschäftsbücher und Unterlagen zu gewähren, soweit dies nach dem Ermessen des Prüfenden für die Feststellung der den Arbeitnehmern gezahlten Vergütungen aller Art und für die Lohnsteuerprüfung erforderlich ist.

(3) Die Arbeitgeber haben ferner jede zum Verständnis der Buchaufzeichnungen vom Prüfenden verlangte Erläuterung zu geben.

(4) Die Arbeitgeber haben auf Verlangen dem Beauftragten des Finanzamts auch über sonstige für den Betrieb tätige Personen, bei denen es bestritten ist, ob sie Arbeitnehmer des Betriebs sind, jede gewünschte Auskunft zur Feststellung ihrer Steuerverhältnisse zu geben.

§ 54
Verpflichtung des Arbeitnehmers
(§ 193 Abs. 1 Satz 2 AO)

(1) Die Arbeitnehmer des Betriebs haben dem mit der Prüfung Beauftragten jede gewünschte Auskunft über Art und Höhe ihres Arbeitslohns zu geben und auf Verlangen die etwa in ihrem Besitz befindlichen Lohnsteuerkarten (§ 29) sowie die Belege über bereits entrichtete Lohnsteuer vorzulegen.

(2) Der mit der Prüfung Beauftragte ist auch berechtigt, von Personen, bei denen es bestritten ist, ob sie Arbeitnehmer des Betriebs sind, jede Auskunft zur Feststellung ihrer Steuerverhältnisse zu verlangen.

§ 55
Mitwirkung der Versicherungsträger
(§ 189e AO)

(1) Die Träger der Reichsversicherung haben den Finanzbehörden jede zur Durchführung des Steuerabzugs und der den Finanzämtern obliegenden Prüfung und Aufsicht dienliche Hilfe zu leisten (§ 116 der Reichsversicherungsordnung). Insoweit finden die Vorschriften des § 142 der Reichsversicherungsordnung keine Anwendung.

(2) Über die Zusammenarbeit der Finanzämter mit den Trägern der Reichsversicherung treffen die Oberfinanzdirektionen mit diesen die näheren Vereinbarungen.

VI. Übergangs- und Schlußbestimmungen
(§§ 56 bis 58)

§ 56
Anrufungsauskünfte

Das Finanzamt der Betriebstätte hat auf Anfrage eines Beteiligten darüber Auskunft zu geben, ob und inwieweit im einzelnen Fall die Vorschriften über die Lohnsteuer anzuwenden sind.

§ 57
Zuständigkeit in besonderen Fällen

Soweit für die Zuständigkeit der Gemeindebehörde oder des Finanzamts der Wohnsitz des Arbeitnehmers maßgebend ist, ist bei Arbeitnehmern, die im Inland keinen Wohnsitz haben, der Ort ihres inländischen gewöhnlichen Aufenthalts, und bei Arbeitnehmern, die im Inland weder einen Wohnsitz noch ihren gewöhnlichen Aufenthalt haben, sowie bei den in § 40 Abs. 5 bezeichneten Arbeitnehmern der Ort der Betriebstätte maßgebend, bei der der Arbeitnehmer beschäftigt ist.

§ 58
Anwendungszeitraum

(1) Die vorstehende Fassung dieser Verordnung ist, vorbehaltlich der Vorschriften in den Absätzen 2 bis 7, ab 1. Januar 1954 anzuwenden. Die Vorschriften sind erstmals auf den Arbeitslohn anzuwenden, der für einen Lohnzahlungszeitraum gezahlt wird, der nach dem 31. Dezember 1953 endet. Bei sonstigen, insbesondere einmaligen Bezügen sind sie erstmals auf den Arbeitslohn anzuwenden, der dem Arbeitnehmer nach dem 31. Dezember 1953 zufließt.

(2) § 20 Abs. 2 Satz 4 der Lohnsteuer-Durchführungsverordnung in der Fassung vom 12. Februar 1952 (Bundesgesetzbl. I S. 97) ist letztmals anzuwenden auf Aufwendungen für die Bewirtung von Geschäftsfreunden, die vor dem 26. Juni 1953 bewirkt worden sind.

(3) Die Vorschrift des § 20 Abs. 2 Ziff. 5 ist erstmals auf Zuschüsse anzuwenden, die nach dem 31. Mai 1953 hingegeben worden sind.

(4) Die Vorschriften des § 20 Abs. 3 a und des § 20 b sind erstmals auf Sonderausgaben anzuwenden, die auf Grund von Verträgen geleistet werden, die nach dem 31. Mai 1953 abgeschlossen worden sind.

(5) Die Vorschriften des § 25 a, des § 29 Abs. 2 Satz 4, des § 47 Abs. 3 Satz 2 und des § 48 Abs. 3 Satz 1 gelten ab 1. Januar 1953. Sie sind erstmals auf den Arbeitslohn anzuwenden, der für einen Lohnzahlungszeitraum gezahlt wird, der nach dem 31. Dezember 1952 endet. Bei sonstigen, insbesondere einmaligen Bezügen sind sie auf den Arbeitslohn anzuwenden, der dem Arbeitnehmer nach dem 31. Dezember 1952 zufließt.

(6) Die Vorschrift des § 32 Abs. 1 Satz 2 ist erstmals auf den Arbeitslohn anzuwenden, der für einen Lohnzahlungszeitraum gezahlt wird, der nach dem 31. Mai 1953 endet. Bei sonstigen, insbesondere einmaligen Bezügen ist sie auf den Arbeitslohn anzuwenden, der dem Arbeitnehmer nach dem 31. Mai 1953 zufließt. § 52 Abs. 9 des Einkommensteuergesetzes in der Fassung vom 15. September 1953 (Bundesgesetzbl. I S. 1355) bleibt unberührt.

(7) § 35 der Lohnsteuer-Durchführungsverordnung in der Fassung vom 12. Februar 1952 (Bundesgesetzbl. I S. 97) ist für Lohnzahlungszeiträume, die nach dem 31. Dezember 1952 enden, und auf sonstige, insbesondere einmalige Bezüge, die dem Arbeitnehmer nach dem 31. Dezember 1952 zufließen, nicht anzuwenden.

Jahres-Lohnsteuertabelle 1953

(Auszug)

Jahreslohn	Die Lohnsteuer beträgt in						
	Steuer-klasse I DM	Steuer-klasse II DM	Steuerklasse III bei Kinderermäßigung für 1 Kind DM	2 Kinder DM	3 Kinder DM	4 Kinder DM	5 Kinder DM
von — bis							
1 687— 1 736,99	2	—	—	—	—	—	—
1 737— 1 786,99	5	—	—	—	—	—	—
1 787— 1 836,99	9	—	—	—	—	—	—
1 837— 1 886,99	14	2	—	—	—	—	—
1 887— 1 936,99	19	4	—	—	—	—	—
1 937— 1 986,99	23	6	—	—	—	—	—
1 987— 2 036,99	27	7	—	—	—	—	—
2 037— 2 086,99	32	8	—	—	—	—	—
2 087— 2 136,99	36	10	—	—	—	—	—
2 137— 2 186,99	41	11	—	—	—	—	—
2 187— 2 236,99	47	12	—	—	—	—	—
2 237— 2 286,99	54	14	4	—	—	—	—
2 287— 2 336,99	61	15	6	—	—	—	—
2 337— 2 386,99	68	17	7	—	—	—	—
2 387— 2 436,99	75	18	8	—	—	—	—
2 437— 2 486,99	81	20	10	—	—	—	—
2 487— 2 536,99	88	21	11	2	—	—	—
2 537— 2 586,99	95	24	12	4	—	—	—
2 587— 2 636,99	102	27	14	5	—	—	—
2 637— 2 686,99	108	31	15	7	—	—	—
2 687— 2 736,99	115	35	16	8	—	—	—
2 737— 2 786,99	122	39	17	9	—	—	—
2 787— 2 836,99	129	43	18	10	—	—	—
2 837— 2 886,99	136	47	20	11	—	—	—
2 887— 2 936,99	142	50	20	12	—	—	—
2 937— 2 986,99	149	56	22	13	—	—	—
2 987— 3 036,99	156	60	23	15	—	—	—
3 037— 3 086,99	163	67	24	16	—	—	—
3 087— 3 136,99	170	73	25	17	—	—	—
3 137— 3 186,99	178	81	28	18	—	—	—
3 187— 3 236,99	185	87	31	20	4	—	—
3 237— 3 286,99	193	94	36	20	6	—	—
3 287— 3 336,99	200	100	40	23	7	—	—
3 337— 3 386,99	208	108	45	25	8	—	—
3 387— 3 436,99	216	114	49	26	10	—	—
3 437— 3 486,99	225	121	53	27	11	—	—
3 487— 3 536,99	233	127	58	29	12	—	—
3 537— 3 586,99	242	135	62	30	14	—	—
3 587— 3 636,99	250	141	67	31	15	—	—
3 637— 3 686,99	259	148	73	32	17	—	—
3 687— 3 736,99	268	154	77	33	18	—	—
3 737— 3 786,99	278	162	83	36	20	—	—
3 787— 3 836,99	287	168	88	39	21	—	—
3 837— 3 886,99	296	175	94	43	22	—	—
3 887— 3 936,99	305	182	100	46	22	4	—
3 937— 3 986,99	315	190	108	50	24	5	—
3 987— 4 036,99	324	198	114	54	25	7	—
4 037— 4 086,99	333	207	121	58	25	8	—
4 087— 4 136,99	342	215	127	61	27	10	—
4 137— 4 186,99	352	224	135	66	27	10	—
4 187— 4 236,99	361	233	141	71	28	12	—
4 237— 4 286,99	371	241	148	75	29	13	—
4 287— 4 336,99	381	250	154	80	29	14	—
4 337— 4 386,99	391	258	162	85	30	15	—
4 387— 4 436,99	401	267	168	89	31	16	—
4 437— 4 486,99	411	276	175	94	31	16	—
4 487— 4 536,99	421	285	182	100	32	17	—
4 537— 4 586,99	431	294	190	108	33	17	—
4 587— 4 636,99	442	303	198	114	35	17	—
4 637— 4 686,99	453	313	207	121	38	18	—

Jahres-Lohnsteuertabelle 1953

Jahreslohn	Die Lohnsteuer beträgt in						
	Steuerklasse I	Steuerklasse II	Steuerklasse III bei Kinderermäßigung für				
			1 Kind	2 Kinder	3 Kinder	4 Kinder	5 Kinder
	DM	DM	DM	DM	DM	DM	DM
von — bis							
4 687— 4 736,99	464	322	215	127	42	18	—
4 737— 4 786,99	475	331	224	135	45	18	—
4 787— 4 836,99	486	340	233	141	48	18	—
4 837— 4 886,99	497	350	241	148	52	19	—
4 887— 4 936,99	508	359	250	154	57	19	1
4 937— 4 986,99	520	368	258	162	63	20	1
4 987— 5 036,99	532	377	267	168	70	20	2
5 037— 5 086,99	543	387	275	175	76	20	2
5 087— 5 136,99	555	397	285	182	83	20	3
5 137— 5 186,99	567	407	294	190	90	21	3
5 187— 5 236,99	579	418	303	198	97	21	4
5 237— 5 286,99	591	429	313	207	103	25	4
5 287— 5 336,99	602	440	322	215	110	27	4
5 337— 5 386,99	614	452	331	224	117	31	4
5 387— 5 436,99	626	462	340	233	124	34	4
5 437— 5 486,99	638	474	350	241	131	39	6
5 487— 5 536,99	649	484	359	250	137	45	8
5 537— 5 586,99	661	496	368	258	144	51	10
5 587— 5 636,99	673	507	377	267	151	56	12
5 637— 5 686,99	686	518	387	276	158	62	14
5 687— 5 736,99	698	529	397	285	164	68	16
5 737— 5 786,99	711	541	407	294	171	74	18
5 787— 5 836,99	725	552	418	303	179	79	21
5 837— 5 886,99	738	564	429	313	187	86	25
5 887— 5 936,99	752	576	440	322	194	92	27
5 937— 5 986,99	765	588	452	331	203	100	31
5 987— 6 036,99	779	600	462	340	212	106	34
6 037— 6 086,99	792	611	474	350	220	113	37
6 087— 6 136,99	806	623	484	359	229	119	40
6 137— 6 186,99	819	635	496	368	237	127	43
6 187— 6 236,99	833	647	507	377	246	133	46
6 237— 6 286,99	846	658	518	387	255	140	50
6 287— 6 336,99	860	670	529	397	263	147	55
6 337— 6 386,99	874	682	541	407	272	154	61
6 387— 6 436,99	888	696	552	418	280	162	66
6 437— 6 486,99	902	709	564	429	289	169	73
6 487— 6 536,99	917	723	576	440	298	177	78
6 537— 6 586,99	931	736	588	452	307	185	84
6 587— 6 636,99	945	750	600	462	316	193	89
6 637— 6 686,99	959	763	611	474	325	201	96
6 687— 6 736,99	974	777	623	484	335	208	102
6 737— 6 786,99	988	790	635	496	344	216	109
6 787— 6 836,99	1 002	804	647	507	353	225	116
6 837— 6 886,99	1 016	817	658	518	362	234	123
6 887— 6 936,99	1 031	831	670	529	372	242	129
6 937— 6 986,99	1 045	844	682	541	381	251	136
6 987— 7 036,99	1 060	858	696	552	391	259	144
7 037— 7 086,99	1 076	871	709	564	401	268	152
7 087— 7 136,99	1 091	885	723	576	412	276	159
7 137— 7 186,99	1 106	899	736	588	424	285	168
7 187— 7 236,99	1 122	913	750	600	434	293	175
7 237— 7 286,99	1 139	927	763	611	446	302	183
7 287— 7 336,99	1 154	942	777	623	456	310	191
7 337— 7 386,99	1 171	956	790	635	468	320	199
7 387— 7 436,99	1 186	970	804	647	479	328	207
7 437— 7 486,99	1 203	984	817	658	490	338	214
7 487— 7 536,99	1 219	999	831	670	501	347	222
7 537— 7 586,99	1 235	1 013	844	682	512	357	230
7 587— 7 636,99	1 251	1 028	858	696	523	366	238
7 637— 7 686,99	1 267	1 043	871	709	534	377	247

Jahres-Lohnsteuertabelle 1953

Jahreslohn	Die Lohnsteuer beträgt in						
	Steuerklasse I	Steuerklasse II	Steuerklasse III bei Kinderermäßigung für				
			1 Kind	2 Kinder	3 Kinder	4 Kinder	5 Kinder
von — bis	DM	DM	DM	DM	DM	DM	DM
7 687— 7 736,99	1 283	1 059	885	723	545	387	255
7 737— 7 786,99	1 299	1 074	899	736	557	398	264
7 787— 7 836,99	1 315	1 089	913	750	568	408	272
7 837— 7 886,99	1 331	1 105	927	763	580	418	281
7 887— 7 936,99	1 347	1 120	942	777	591	428	289
7 937— 7 986,99	1 363	1 136	956	790	604	440	298
7 987— 8 036,99	1 380	1 151	970	804	615	451	306
8 037— 8 086,99	1 396	1 168	984	817	627	462	315
8 087— 8 136,99	1 413	1 184	999	831	638	473	323
8 137— 8 186,99	1 430	1 200	1 013	844	651	484	332
8 187— 8 236,99	1 448	1 216	1 028	858	663	495	342
8 237— 8 286,99	1 465	1 232	1 043	871	676	506	352
8 287— 8 336,99	1 483	1 248	1 059	885	689	517	363
8 337— 8 386,99	1 501	1 264	1 074	899	702	528	373
8 387— 8 436,99	1 519	1 280	1 089	913	715	539	383
8 437— 8 486,99	1 537	1 296	1 105	927	728	550	394
8 487— 8 536,99	1 554	1 312	1 120	942	742	561	404
8 537— 8 586,99	1 573	1 328	1 136	956	755	572	415
8 587— 8 636,99	1 590	1 344	1 151	970	769	584	424
8 637— 8 686,99	1 608	1 360	1 168	984	782	595	435
8 687— 8 736,99	1 626	1 376	1 184	999	796	607	445
8 737— 8 786,99	1 644	1 392	1 200	1 013	809	619	456
8 787— 8 836,99	1 662	1 410	1 216	1 028	823	632	467
8 837— 8 886,99	1 679	1 428	1 232	1 043	836	645	478
8 887— 8 936,99	1 698	1 445	1 248	1 059	850	657	489
8 937— 8 986,99	1 716	1 464	1 264	1 074	863	671	500
8 987— 9 036,99	1 735	1 481	1 280	1 089	877	683	511
9 037— 9 086,99	1 753	1 499	1 296	1 105	890	696	522
9 087— 9 136,99	1 772	1 517	1 312	1 120	904	709	533
9 137— 9 186,99	1 791	1 535	1 328	1 136	918	722	544
9 187— 9 236,99	1 809	1 552	1 344	1 151	931	734	555
9 237— 9 286,99	1 828	1 570	1 360	1 168	946	747	566
9 287— 9 336,99	1 846	1 588	1 376	1 184	960	761	577
9 337— 9 386,99	1 865	1 606	1 392	1 200	975	774	588
9 387— 9 436,99	1 883	1 624	1 410	1 216	989	788	600
9 437— 9 486,99	1 902	1 641	1 428	1 232	1 005	801	613
9 487— 9 536,99	1 920	1 659	1 445	1 248	1 020	815	626
9 537— 9 586,99	1 939	1 677	1 464	1 264	1 036	828	639
9 587— 9 636,99	1 957	1 695	1 481	1 280	1 051	842	652
9 637— 9 686,99	1 976	1 713	1 499	1 296	1 066	855	664
9 687— 9 736,99	1 994	1 731	1 517	1 312	1 081	869	677
9 737— 9 786,99	2 013	1 750	1 535	1 328	1 097	883	690
9 787— 9 836,99	2 031	1 768	1 552	1 344	1 112	896	703
9 837— 9 886,99	2 050	1 787	1 570	1 360	1 127	910	716
9 887— 9 936,99	2 069	1 805	1 588	1 376	1 143	923	728
9 937— 9 986,99	2 088	1 824	1 606	1 392	1 158	937	742
9 987—10 036,99	2 108	1 842	1 624	1 410	1 174	951	754
10 037—10 086,99	2 129	1 861	1 641	1 428	1 190	966	767
10 087—10 136,99	2 149	1 879	1 659	1 445	1 206	982	780
10 137—10 186,99	2 169	1 898	1 677	1 464	1 222	997	793
10 187—10 236,99	2 189	1 916	1 695	1 481	1 238	1 012	807
10 237—10 286,99	2 210	1 935	1 713	1 499	1 254	1 028	820
10 287—10 336,99	2 230	1 953	1 731	1 517	1 270	1 043	834
10 337—10 386,99	2 250	1 972	1 750	1 535	1 286	1 059	848
10 387—10 436,99	2 271	1 990	1 768	1 552	1 302	1 073	861
10 437—10 486,99	2 291	2 009	1 787	1 570	1 318	1 089	875
10 487—10 536,99	2 311	2 028	1 805	1 588	1 334	1 104	888
10 537—10 586,99	2 332	2 046	1 824	1 606	1 350	1 120	902
10 587—10 636,99	2 352	2 065	1 842	1 624	1 367	1 135	916
10 637—10 686,99	2 372	2 086	1 861	1 641	1 384	1 150	931

Jahres-Lohnsteuertabelle 1953

Jahreslohn	Die Lohnsteuer beträgt in						
	Steuerklasse I	Steuerklasse II	Steuerklasse III bei Kinderermäßigung für				
			1 Kind	2 Kinder	3 Kinder	4 Kinder	5 Kinder
	DM	DM	DM	DM	DM	DM	DM
von — bis							
10 687—10 736,99	2 393	2 105	1 879	1 659	1 402	1 165	946
10 737—10 786,99	2 413	2 125	1 898	1 677	1 419	1 181	960
10 787—10 836,99	2 433	2 146	1 916	1 695	1 436	1 196	975
10 837—10 886,99	2 454	2 166	1 935	1 713	1 453	1 212	989
10 887—10 936,99	2 474	2 186	1 953	1 731	1 471	1 228	1 004
10 937—10 986,99	2 494	2 207	1 972	1 750	1 489	1 244	1 020
10 987—11 036,99	2 514	2 227	1 990	1 768	1 507	1 260	1 035
11 037—11 086,99	2 535	2 247	2 009	1 787	1 525	1 276	1 050
11 087—11 136,99	2 555	2 268	2 028	1 805	1 542	1 292	1 066
11 137—11 186,99	2 575	2 288	2 046	1 824	1 561	1 308	1 081
11 187—11 236,99	2 596	2 308	2 065	1 842	1 578	1 325	1 096
11 237—11 286,99	2 616	2 329	2 086	1 861	1 596	1 342	1 112
11 287—11 336,99	2 636	2 349	2 105	1 879	1 614	1 360	1 127
11 337—11 386,99	2 657	2 369	2 125	1 898	1 632	1 377	1 143
11 387—11 436,99	2 677	2 389	2 146	1 916	1 649	1 394	1 157
11 437—11 486,99	2 697	2 410	2 166	1 935	1 667	1 411	1 173
11 487—11 536,99	2 718	2 430	2 186	1 953	1 685	1 428	1 188
11 537—11 586,99	2 738	2 450	2 207	1 972	1 703	1 445	1 204
11 587—11 636,99	2 758	2 471	2 227	1 990	1 721	1 462	1 219
11 637—11 686,99	2 779	2 491	2 247	2 009	1 738	1 479	1 234
11 687—11 736,99	2 799	2 511	2 268	2 028	1 756	1 497	1 250
11 737—11 786,99	2 819	2 532	2 288	2 046	1 775	1 515	1 266
11 787—11 836,99	2 839	2 552	2 308	2 065	1 793	1 533	1 283
11 837—11 886,99	2 860	2 572	2 329	2 086	1 812	1 550	1 300
11 887—11 936,99	2 880	2 593	2 349	2 105	1 830	1 568	1 318
11 937—11 986,99	2 900	2 613	2 369	2 125	1 849	1 586	1 335
11 987—12 036,99	2 921	2 633	2 389	2 146	1 867	1 604	1 352
12 037—12 086,99	2 941	2 654	2 410	2 166	1 886	1 622	1 369
12 087—12 136,99	2 961	2 674	2 430	2 186	1 904	1 639	1 386
12 137—12 186,99	2 982	2 694	2 450	2 207	1 923	1 658	1 403
12 187—12 236,99	3 002	2 714	2 471	2 227	1 941	1 675	1 420
12 237—12 286,99	3 022	2 735	2 491	2 247	1 960	1 693	1 437
12 287—12 336,99	3 043	2 755	2 511	2 268	1 979	1 711	1 454
12 337—12 386,99	3 063	2 775	2 532	2 288	1 997	1 729	1 471
12 387—12 436,99	3 083	2 796	2 552	2 308	2 016	1 746	1 488
12 437—12 486,99	3 104	2 816	2 572	2 329	2 037	1 764	1 505
12 487—12 536,99	3 124	2 836	2 593	2 349	2 056	1 782	1 523
12 537—12 586,99	3 144	2 857	2 613	2 369	2 076	1 800	1 541
12 587—12 636,99	3 164	2 877	2 633	2 389	2 095	1 818	1 558
12 637—12 686,99	3 185	2 897	2 654	2 410	2 115	1 837	1 576
12 687—12 736,99	3 205	2 918	2 674	2 430	2 134	1 855	1 594
12 737—12 786,99	3 225	2 938	2 694	2 450	2 154	1 874	1 612
12 787—12 836,99	3 246	2 958	2 714	2 471	2 174	1 892	1 630
12 837—12 886,99	3 266	2 979	2 735	2 491	2 195	1 911	1 647
12 887—12 936,99	3 286	2 999	2 755	2 511	2 215	1 930	1 665
12 937—13 036,99	3 313	3 025	2 781	2 537	2 241	1 953	1 688
13 037—13 136,99	3 355	3 065	2 821	2 578	2 281	1 992	1 723
13 137—13 236,99	3 397	3 106	2 862	2 619	2 322	2 031	1 759
13 237—13 336,99	3 439	3 146	2 903	2 659	2 363	2 071	1 795
13 337—13 436,99	3 481	3 187	2 944	2 700	2 404	2 110	1 830
13 437—13 536,99	3 523	3 228	2 984	2 740	2 444	2 149	1 867
13 537—13 636,99	3 565	3 269	3 025	2 781	2 485	2 189	1 904
13 637—13 736,99	3 608	3 309	3 065	2 821	2 525	2 229	1 943
13 737—13 836,99	3 650	3 350	3 106	2 862	2 566	2 270	1 982
13 837—13 936,99	3 692	3 393	3 146	2 903	2 606	2 310	2 022
13 937—14 036,99	3 734	3 435	3 187	2 944	2 647	2 351	2 061
14 037—14 136,99	3 776	3 477	3 228	2 984	2 688	2 391	2 100
14 137—14 236,99	3 818	3 519	3 269	3 025	2 729	2 432	2 139
14 237—14 336,99	3 860	3 561	3 309	3 065	2 769	2 473	2 178
14 337—14 436,99	3 902	3 603	3 350	3 106	2 810	2 514	2 217
14 437—14 536,99	3 944	3 645	3 393	3 146	2 850	2 554	2 258

Jahres-Lohnsteuertabelle 1953

Jahreslohn	Die Lohnsteuer beträgt in						
	Steuerklasse I	Steuerklasse II	Steuerklasse III bei Kinderermäßigung für				
			1 Kind	2 Kinder	3 Kinder	4 Kinder	5 Kinder
	DM	DM	DM	DM	DM	DM	DM
von — bis							
14 537—14 636,99	3 986	3 687	3 435	3 187	2 891	2 595	2 299
14 637—14 736,99	4 028	3 729	3 477	3 228	2 931	2 635	2 339
14 737—14 836,99	4 070	3 771	3 519	3 269	2 972	2 676	2 380
14 837—14 936,99	4 113	3 813	3 561	3 309	3 013	2 716	2 420
14 937—15 036,99	4 155	3 855	3 603	3 350	3 054	2 757	2 461
15 037—15 136,99	4 197	3 898	3 645	3 393	3 094	2 798	2 501
15 137—15 236,99	4 239	3 940	3 687	3 435	3 135	2 839	2 542
15 237—15 336,99	4 281	3 982	3 729	3 477	3 175	2 879	2 583
15 337—15 436,99	4 323	4 024	3 771	3 519	3 216	2 920	2 624
15 437—15 536,99	4 365	4 066	3 813	3 561	3 256	2 960	2 664
15 537—15 636,99	4 407	4 108	3 855	3 603	3 297	3 001	2 705
15 637—15 736,99	4 449	4 150	3 898	3 645	3 338	3 041	2 745
15 737—15 836,99	4 491	4 192	3 940	3 687	3 379	3 082	2 786
15 837—15 936,99	4 533	4 234	3 982	3 729	3 421	3 123	2 826
15 937—16 036,99	4 575	4 276	4 024	3 771	3 463	3 164	2 867
16 037—16 136,99	4 618	4 318	4 066	3 813	3 505	3 204	2 908
16 137—16 236,99	4 660	4 360	4 108	3 855	3 547	3 245	2 949
16 237—16 336,99	4 702	4 403	4 150	3 898	3 589	3 285	2 989
16 337—16 436,99	4 744	4 445	4 192	3 940	3 631	3 326	3 030
16 437—16 536,99	4 786	4 487	4 234	3 982	3 673	3 366	3 070
16 537—16 636,99	4 828	4 529	4 276	4 024	3 715	3 407	3 111
16 637—16 736,99	4 870	4 571	4 318	4 066	3 757	3 449	3 151
16 737—16 836,99	4 912	4 613	4 360	4 108	3 799	3 491	3 192
16 837—16 936,99	4 954	4 655	4 403	4 150	3 842	3 533	3 233
16 937—17 036,99	4 996	4 697	4 445	4 192	3 884	3 575	3 274
17 037—17 136,99	5 038	4 739	4 487	4 234	3 926	3 617	3 314
17 137—17 236,99	5 080	4 781	4 529	4 276	3 968	3 659	3 355
17 237—17 336,99	5 123	4 823	4 571	4 318	4 010	3 701	3 395
17 337—17 436,99	5 165	4 865	4 613	4 360	4 052	3 743	3 436
17 437—17 536,99	5 207	4 908	4 655	4 403	4 094	3 786	3 477
17 537—17 636,99	5 249	4 950	4 697	4 445	4 136	3 828	3 519
17 637—17 736,99	5 291	4 992	4 739	4 487	4 178	3 870	3 561
17 737—17 836,99	5 333	5 034	4 781	4 529	4 220	3 912	3 603
17 837—17 936,99	5 375	5 076	4 823	4 571	4 262	3 954	3 645
17 937—18 036,99	5 417	5 118	4 865	4 613	4 304	3 996	3 687
18 037—18 136,99	5 459	5 160	4 908	4 655	4 347	4 038	3 730
18 137—18 236,99	5 501	5 202	4 950	4 697	4 389	4 080	3 772
18 237—18 336,99	5 543	5 244	4 992	4 739	4 431	4 122	3 814
18 337—18 436,99	5 585	5 286	5 034	4 781	4 473	4 164	3 856
18 437—18 536,99	5 628	5 328	5 076	4 823	4 515	4 206	3 898
18 537—18 636,99	5 670	5 370	5 118	4 865	4 557	4 248	3 940
18 637—18 736,99	5 712	5 413	5 160	4 908	4 599	4 291	3 982
18 737—18 836,99	5 754	5 455	5 202	4 950	4 641	4 333	4 024
18 837—18 936,99	5 796	5 497	5 244	4 992	4 683	4 375	4 066
18 937—19 036,99	5 839	5 539	5 286	5 034	4 725	4 417	4 108
19 037—19 136,99	5 882	5 581	5 328	5 076	4 767	4 459	4 150
19 137—19 236,99	5 926	5 623	5 370	5 118	4 809	4 501	4 192
19 237—19 336,99	5 969	5 665	5 413	5 160	4 852	4 543	4 235
19 337—19 436,99	6 013	5 707	5 455	5 202	4 894	4 585	4 277
19 437—19 536,99	6 057	5 749	5 497	5 244	4 936	4 627	4 319
19 537—19 636,99	6 100	5 791	5 539	5 286	4 978	4 669	4 361
19 637—19 736,99	6 144	5 833	5 581	5 328	5 020	4 711	4 403
19 737—19 836,99	6 187	5 876	5 623	5 370	5 062	4 753	4 445
19 837—19 936,99	6 231	5 920	5 665	5 413	5 104	4 796	4 487
19 937—20 036,99	6 274	5 963	5 707	5 455	5 146	4 838	4 529
20 037—20 136,99	6 318	6 007	5 749	5 497	5 188	4 880	4 571
20 137—20 236,99	6 361	6 050	5 791	5 539	5 230	4 922	4 613
20 237—20 336,99	6 405	6 094	5 833	5 581	5 272	4 964	4 655
20 337—20 436,99	6 448	6 137	5 876	5 623	5 314	5 006	4 697
20 437—20 536,99	6 492	6 181	5 920	5 665	5 357	5 048	4 740
20 537—20 636,99	6 535	6 224	5 963	5 707	5 399	5 090	4 782
20 637—20 736,99	6 579	6 268	6 007	5 749	5 441	5 132	4 824

STICHWÖRTERVERZEICHNIS

www.ingramcontent.com/pod-product-compliance
Ingram Content Group UK Ltd.
Pitfield, Milton Keynes, MK11 3LW, UK
UKHW021815190726
13853UKWH00003B/1012

* 9 7 8 3 6 6 3 1 2 5 8 9 1 *